定向凝固合金的
蠕变行为及影响因素

田宁　著

北　京
冶　金　工　业　出　版　社
2022

内 容 提 要

本书系统地研究了 DZ125 镍基合金成分、工艺、服役条件等因素对组织性能的影响及相形成与演化规律，介绍了 DZ125 合金在长/短寿命服役条件下蠕变期间的微观变形机制与宏观蠕变行为的依赖关系，提出合金在短时寿命或长寿命服役条件下蠕变不同时间的微观变形机制。

本书可供金属材料加工专业的工程技术人员、科研人员和广大创新设计爱好者阅读，也可供相关专业高等院校师生参考。

图书在版编目(CIP)数据

定向凝固合金的蠕变行为及影响因素/田宁著．—北京：冶金工业出版社，2020.10（2022.4 重印）

ISBN 978-7-5024-8540-5

Ⅰ.①定… Ⅱ.①田… Ⅲ.①合金—定向凝固—研究 Ⅳ.①TG13

中国版本图书馆 CIP 数据核字（2020）第 215967 号

定向凝固合金的蠕变行为及影响因素

出版发行 冶金工业出版社 **电　话** (010)64027926
地　址 北京市东城区嵩祝院北巷 39 号 **邮　编** 100009
网　址 www.mip1953.com **电子信箱** service@mip1953.com

责任编辑 李培禄 美术编辑 彭子赫 版式设计 禹 蕊
责任校对 郑 娟 责任印制 李玉山
北京虎彩文化传播有限公司印刷
2020 年 10 月第 1 版，2022 年 4 月第 2 次印刷
710mm×1000mm 1/16；10 印张；208 千字；146 页
定价 59.00 元

投稿电话 (010)64027932 投稿信箱 tougao@cnmip.com.cn
营销中心电话 (010)64044283
冶金工业出版社天猫旗舰店 yjgycbs.tmall.com
（本书如有印装质量问题，本社营销中心负责退换）

前　言

本书通过对DZ125镍基合金进行不同工艺的热处理、蠕变性能测试及组织形貌观察，研究热处理工艺对合金组织结构和蠕变性能的影响；通过热力学计算预测合金在不同条件下的γ′相筏形化时间；通过晶格错配度的计算，研究了不同状态合金中γ′/γ两相的晶格应变程度；通过微观形貌观察及衍衬分析，研究了合金在蠕变期间的微观变形特征与断裂机制，得出如下主要结论：

铸态DZ125镍基合金的组织结构主要由γ基体、γ′相、共晶组织以及块状碳化物组成，在枝晶干/间区域存在明显的成分偏析及γ/γ′两相的尺寸差别。合金经完全热处理后，元素偏析程度及晶格错配度有所减小，但仍在枝晶干/间区域存在不同尺寸的γ′相，尺寸约为0.4μm的细小立方γ′相均匀分布在枝晶干区域，尺寸为1~1.2μm的粗大立方γ′相存在于枝晶间区域，并有块状碳化物存在于枝晶间区域，其放射状或筛网状的共晶组织存在于枝晶间区域。

在中温/高应力蠕变期间，合金中的γ′相不形成筏状组织；而在高温/低应力蠕变期间，合金中的立方γ′相转变成与施加应力轴垂直的筏状结构。合金在1040℃/137MPa蠕变3h，γ′相转变成与应力轴垂直的N-型筏状结构。采用热力学方法计算出元素在不同条件下蠕变期间的扩散迁移速率，并预测出合金在840℃和760℃蠕变期间γ′相的筏形化时间各自需近400h和3000h，即：随蠕变温度下降，γ′相的筏形化时间延长。

在中温/高应力蠕变期间，该合金的变形机制是位错在γ基体中滑移和剪切γ′相，其中，剪切进入γ′相的位错可以分解，形成两肖克莱不全位错加层错的位错组态，切入γ′相的位错也可以从{111}面交滑移至｛100｝晶面，形成具有非平面芯的 K-W 锁，可以有效抑制位错在｛111｝面滑移，提高合金的蠕变抗力。在高温/低应力蠕变条件下，合金在稳态蠕变期间的变形机制是位错在基体中滑移和攀移越过 γ′相，其中，在位错攀移期间，位错的割阶易于形成，空位的形成和扩散是位错攀移的控制环节。蠕变后期，合金的变形机制是位错在基体中滑移和剪切进入筏状 γ′相，且在｛111｝面滑移。蠕变期间，分布在 γ′/γ 两相界面的六边形或四边形位错网络，可释放晶格错配应力，减缓应力集中，提高合金的蠕变抗力。

高温蠕变的后期，合金中的裂纹首先在晶界处萌生与扩展，且不同形态晶界具有不同的损伤特征，其中，沿应力轴呈 45°的晶界承受较大剪切应力，是易于使其产生蠕变损伤的主要原因；而加入的元素 Hf，可促进细小粒状相沿晶界析出，可抑制晶界滑移，提高晶界强度，是使合金蠕变断裂后，断口呈现非光滑特征的主要原因。

与传统工艺热处理相比，随固溶温度提高至 1260℃，合金中难熔元素的偏析程度及晶格错配度明显减小，在枝晶间区域的粗大 γ′相可完全溶解。经时效处理后，高体积分数的细小立方 γ′相均匀分布在枝晶干和枝晶间区域，可完全消除合金中的共晶组织，使合金中原大尺寸块状碳化物发生分解，并沿晶界弥散析出细小碳化物，可抑制晶界滑移。因此，与传统工艺热处理相比，高温固溶处理可改善合金的组织均匀性，提高合金蠕变抗力和蠕变寿命。

田宁

2020 年 9 月

Abstract

By means of heat treatments at different regimes, creep property measurement and microstructure observation, the influence of the heat treatment on the microstructure and creep performance of DZ125 nickel-based superalloy has been investigated. By thermodynamic calculations, the rafting time of γ′ phase has been measured and predicted. And the strain extent of lattices for the γ′/γ double phase alloy at different states has been studied by means of the calculation of the lattice mismatch. The deformation and fracture mechanisms of the alloy during creep are studied by microstructure observation and contrast analysis of dislocation configuration. Some main conclusions have be obtained given as follows:

The microstructure of the as-cast DZ125 nickel-base superalloy is mainly composed of γ matrix, γ′ phase, eutectic and carbides. And the obvious elements segregation and nonuniform of γ′ and γ phases in size exist in the dendrite arm and inter-dendrite regions. After the alloy is full heat treated, the segregation extent of refractory elements between the dendritic arm/interdendritic regions and the lattice mismatch of γ/γ′ phases decrease. But the obvious difference of γ′ phase in size still exists in the dendritic arm and interdendritic regions, the fine cuboidal γ′ precipitates is uniformly distributed in the dendritic regions, while the coarse ones are distributed in the interdendritic regions. And the block-like carbides and radial or mesh-like eutectic microstructure distribute in the inter-dendritic regions.

During the creep at intermediate temperatures, the γ′ phase in the alloy can not transform into the rafted structure. While during creep at high temperatures, the cuboidal γ′ phase in the alloy are transformed into the rafted structure along the direction perpendicular to the stress axis. After crept for 3h at 1040℃/137MPa, the γ′ phase in the alloy is transformed into the N-type rafted structure. The diffusion migration rate of the elements in the alloy at various temperatures can be calculated, by means of thermodynamic calculations, to forecast the rafting time of the γ′ phase in the alloy at different conditions. It is indicated according to the calculation that the rafting time of γ′-phase prolongs as the creep temperatures decrease. Furthermore, the needed times of the γ′ phase in the alloy during creep at 840 and 760℃ are calculated to be 400 hand 3000h, respectively.

The deformation mechanism of the alloy during creep at intermediate temperature is the dislocations slipping in the γ matrix and shearing into γ′ phase. Thereinto, the dislocations shearing into the γ′ phase may be decomposed to form the configuration of two Shockley partial dislocations plus stacking faults. Moreover, the super-dislocations shearing into γ′ phase may cross-slip from {111} plane to (100) plane to form the configuration of K-W dislocation locking, which can effectively hinder dislocation slipping on {111} plane to improve the creep resistance of alloy. Under the conditions of high temperature and lower stress, the dislocations slipping in the γ matrix and climbing over the rafted γ′ phase is thought to be the deformation mechanism of the alloy during the steady state creep. Thereinto, during the dislocations climbing, the dislocation jogs are easily formed, and the formation and diffusion of vacancies are the control links for dislocation climbing. At the latter stage of creep, the deformation mechanism of the alloy is the dislocations slipping in γ matrix and shearing into the γ′ phase. During creep, the hexagonal and quadrilateral dislocations networks located at the γ′/γ interfaces can release mismatch stress of the lattice and delay the stress concentration to improve the creep resistance of the alloy.

In the latter stage of creep at high termperature, the cracks in the alloy are firstly initiated and propagated along the grain boundaries, and the various damage features display in the grain boundary regions with different morphologies. Thereinto, the grain boundaries being about 45° angles relative to the stress axis support the bigger shear stress, which is the main reason for promoting the occurrence of creep damage. The addition of Hf element may promote the precipitation of the fine carbides along grain boundaries to restrain the boundaries sliding, which may enhance the bonding strength of the grain boundaries. This is the main reason for grain boundaries displaying the non-smooth surfaces after creep rupture of the alloy.

Compared to the conventional heat treatment regime, when the solution temperature enhances to 1260℃, the segregation extent of refractory elements between the dendritic/inter-dendritic regions and misfits of γ'/γ phases decreases obviously, and the coarse γ' phase in the inter-dendritic regions may be completely dissolved. After aging treatment, the fine γ' precipitates with high volume fraction are dispersedly distributed in the dendrite and inter-dendrite regions, and the eutectic structure can be completely eliminated. Moreover, the original blocky-like carbides in the alloy can be decomposed, and the fine particle-like carbides can precipitate along the boundaries to inhibit boundary slipping. Consequently, compared to the conventional heat treatment regime, the high-temperature solution treatment can improve the homogeneity of the microstructure in the alloy, which may enhance the creep resistance to prolong the creep life of the alloy.

Tian Ning

2020-09

目　录

1　绪论 …… 1

1.1　高温合金的概述及发展 …… 1

1.1.1　镍基高温合金概述 …… 1

1.1.2　定向凝固镍基合金的发展 …… 1

1.1.3　定向凝固合金的制备及成分特点 …… 3

1.1.4　定向凝固合金的热处理制度 …… 6

1.2　镍基合金的强化机理 …… 8

1.2.1　γ 与 γ′相的强化 …… 8

1.2.2　碳化物强化 …… 9

1.2.3　晶界强化 …… 10

1.3　合金的变形机制 …… 11

1.3.1　蠕变期间位错的运动 …… 12

1.3.2　蠕变期间位错剪切 γ′相 …… 13

1.3.3　错配度对蠕变性能的影响 …… 14

1.4　蠕变期间的组织演化 …… 16

1.4.1　蠕变期间的定向粗化 …… 16

1.4.2　γ′相形态对蠕变性能的影响 …… 16

1.4.3　元素扩散速率与 γ′相筏形化速率 …… 17

1.5　本书的目的、意义及研究内容 …… 17

2　合金的组织结构及蠕变特征 …… 20

2.1　引言 …… 20

2.2　实验方法 …… 21

2.2.1　实验材料与母合金的熔炼 …… 21

2.2.2　定向凝固合金的制备 …… 21

2.2.3　合金的热处理 …… 21

2.2.4　蠕变性能测试 …… 21

2.2.5　组织形貌观察 …… 22

2.3　热处理对组织结构的影响 …… 22
2.3.1　铸态合金的组织形貌 …… 22
2.3.2　热处理态合金的组织形貌 …… 24
2.3.3　热处理不同阶段对成分偏析的影响 …… 28
2.4　合金的蠕变行为 …… 30
2.4.1　中温蠕变行为 …… 30
2.4.2　合金的高温蠕变行为 …… 31
2.4.3　蠕变方程和相关参数 …… 33
2.5　讨论 …… 36
2.5.1　凝固期间 γ′相的形态演化与分析 …… 36
2.5.2　γ′相的形态演化与分析 …… 36
2.5.3　共晶组织的形成与影响因素 …… 37
2.6　本章小结 …… 39

3　蠕变期间的组织演化与元素扩散速率 …… 40

3.1　引言 …… 40
3.2　实验方法 …… 41
3.2.1　蠕变性能测试 …… 41
3.2.2　组织形貌观察 …… 41
3.2.3　元素扩散迁移速率的计算 …… 41
3.2.4　γ′相筏形化时间的预测 …… 41
3.3　蠕变期间的组织演化 …… 41
3.3.1　中温蠕变期间的组织演化 …… 42
3.3.2　高温蠕变期间的组织演化 …… 44
3.4　组织演化与元素的扩散迁移速率 …… 46
3.4.1　蠕变期间 γ′相的筏形化速率 …… 46
3.4.2　枝晶干/间区域组织演化特征 …… 47
3.4.3　元素在 γ′/γ 两相中的平衡分布及热力学分析 …… 49
3.4.4　元素的扩散迁移速率 …… 50
3.4.5　γ′相的筏形化时间预测 …… 51
3.5　讨论 …… 54
3.5.1　元素的定向迁移 …… 54
3.5.2　元素扩散的驱动力 …… 57
3.6　本章小结 …… 59

4　蠕变期间的变形机制与断裂特征 ………………………………………… 60

4.1　引言 ……………………………………………………………………… 60
4.2　实验材料与方法 ………………………………………………………… 61
4.2.1　实验材料 ……………………………………………………………… 61
4.2.2　组织形貌观察 ………………………………………………………… 61
4.3　蠕变期间的变形特征 …………………………………………………… 61
4.3.1　中温蠕变期间的变形特征 …………………………………………… 61
4.3.2　高温蠕变期间的变形特征 …………………………………………… 63
4.3.3　位错组态的衍衬分析 ………………………………………………… 67
4.4　蠕变期间的断裂特征 …………………………………………………… 70
4.4.1　中温蠕变的断裂特征 ………………………………………………… 70
4.4.2　高温蠕变的断裂特征 ………………………………………………… 72
4.5　讨论 ……………………………………………………………………… 73
4.5.1　位错攀移越过 γ′相的理论分析 ……………………………………… 73
4.5.2　位错运动的阻力 ……………………………………………………… 76
4.5.3　在中温蠕变期间断裂特征的理论分析 ……………………………… 76
4.6　本章小结 ………………………………………………………………… 78

5　长寿命条件下的蠕变行为 …………………………………………………… 79

5.1　引言 ……………………………………………………………………… 79
5.2　实验方法 ………………………………………………………………… 79
5.2.1　蠕变性能测试 ………………………………………………………… 79
5.2.2　组织形貌观察 ………………………………………………………… 80
5.2.3　晶格常数的测算 ……………………………………………………… 80
5.3　实验结果与分析 ………………………………………………………… 80
5.3.1　长期服役条件下的蠕变特征 ………………………………………… 80
5.3.2　长寿命服役条件下的组织演化 ……………………………………… 82
5.3.3　应力时效对错配度的影响 …………………………………………… 89
5.4　讨论 ……………………………………………………………………… 91
5.4.1　应力时效对 γ、γ′两相尺寸及晶格常数的影响 ……………………… 91
5.4.2　γ′/γ 共格界面的强化与分析…………………………………………… 91
5.4.3　γ′相粗化对蠕变抗力的影响 ………………………………………… 94
5.5　本章小节 ………………………………………………………………… 95

6　组织不均匀性对蠕变行为的影响 ………… 96
6.1　引言 ………… 96
6.2　实验方法 ………… 97
6.2.1　差热曲线测定 ………… 97
6.2.2　合金的热处理 ………… 97
6.2.3　蠕变性能测试 ………… 97
6.2.4　组织形貌观察 ………… 97
6.3　实验结果与分析 ………… 97
6.3.1　差热曲线分析及热处理工艺的制定 ………… 97
6.3.2　热处理对成分偏析的影响 ………… 99
6.3.3　固溶温度对晶格错配度的影响 ………… 100
6.3.4　热处理对组织结构的影响 ………… 102
6.3.5　固溶温度对蠕变性能的影响 ………… 103
6.3.6　提高温度固溶处理合金的蠕变行为 ………… 105
6.3.7　蠕变期间的变形特征 ………… 108
6.3.8　蠕变期间的断裂特征 ………… 111
6.4　讨论 ………… 114
6.4.1　γ'相形态对持久性能的影响 ………… 114
6.4.2　固溶温度对γ'相尺寸及蠕变抗力的影响 ………… 116
6.4.3　裂纹萌生与扩展的理论分析 ………… 117
6.5　本章小结 ………… 119
7　固溶温度对碳化物形态演化及蠕变性能的影响 ………… 121
7.1　引言 ………… 121
7.2　实验方法 ………… 122
7.2.1　合金的热处理 ………… 122
7.2.2　组织形貌观察 ………… 122
7.3　实验结果与分析 ………… 122
7.3.1　热处理对碳化物形态的影响 ………… 122
7.3.2　碳化物形态对变形机制的影响 ………… 125
7.3.3　位错组态的衍衬分析 ………… 126
7.3.4　碳化物形态对蠕变期间裂纹萌生与扩展的影响 ………… 127
7.4　讨论 ………… 129
7.4.1　晶界及晶内第二相粒子强化理论 ………… 129

7.4.2　碳化物分解理论分析 …… 131
7.4.3　碳化物形态对蠕变性能的影响 …… 133
7.5　本章小结 …… 134

8　结论 …… 135

参考文献 …… 137

1 绪　　论

1.1 高温合金的概述及发展

1.1.1 镍基高温合金概述

高温合金是具有高强度、良好抗氧化性和抗腐蚀能力的一类合金，600℃是其服役的最低温度。根据基体元素的不同，高温合金可分为三大类[1,2]：

（1）铁基高温合金。铁是该合金的主要组成元素，并含有大量的Ni、Cr等其他元素，也被称为Fe-Ni-Cr基合金。

（2）镍基高温合金。镍是该合金的主要组成元素，并含有10%～20%的Cr，也被称为Ni-Cr基合金。

（3）钴基高温合金。钴和镍是该合金的主要组成元素，并含有一定比例的铬元素，也被称为Co-Ni-Cr基合金。

其中，相对其他合金而言，镍基高温合金具有相对较快的发展速度，在航空发动机、地面以及海洋燃气轮机中已被广泛应用[3,4]。镍元素的原子结构独特，其独特的原子结构使其具有稳定的晶体结构，在熔化之前，镍始终保持稳定的FCC结构，可大量溶解其他元素，提高合金化程度，因此，镍十分适合做为合金的基体。

早在20世纪30年代，欧美已开展对镍基高温合金的研究工作，英国早在20世纪40年代，已经制备出Nimonic75镍基高温合金，为了使合金具有较高的蠕变强度，添加元素铝，研制出具有γ、γ′两相的Nimonic80合金。美国、苏联、中国对镍基合金的早期研究做出了巨大的贡献，分别于20世纪40年代中期、40年代后期及50年代中期，相继研制出多种高性能的镍基合金。

20世纪60年代之后，高温合金的发展步入了一个崭新的时代，随着定向凝固技术的发展，采用定向凝固技术可制备出单晶合金，其服役温度已从700℃提高到1100℃，提高使用温度400℃，使其成为高性能航天发动机热端部件不可替代的结构材料。图1-1为镍基高温合金的发展历程[5]。

1.1.2 定向凝固镍基合金的发展

随着时间及技术的不断发展，相比于高温合金起步阶段目前已经取得了较大

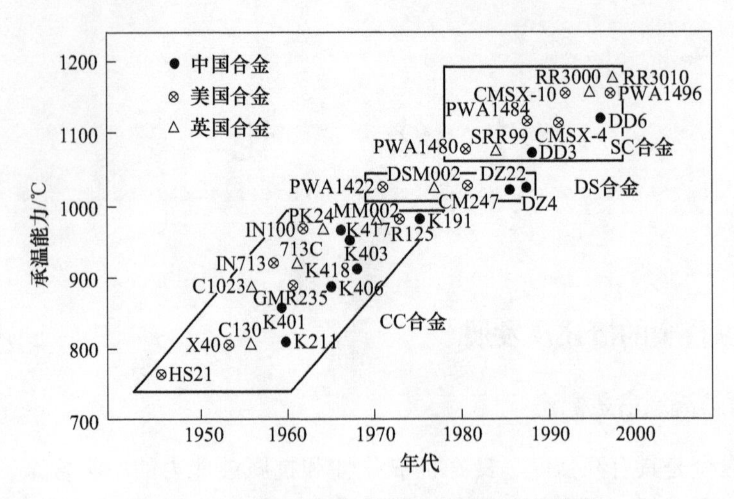

图 1-1　20 世纪 30 年代至今高温合金的发展

的进步。然而，对失效叶片的研究表明，大量的杂质及有害相富集在晶界区域，致使其在近晶界区域，合金中各相的变形程度较为严重，由于与应力轴相垂直的晶界在服役期间受到的应力较大，因此，. 裂纹首先在此处萌生，然后沿晶界扩展，这是合金失效的主要方式[6~8]。美国 PW 公司在对 MAR-M200 合金进行蠕变性能实验时发现，虽然该合金在高温/低应力条件下具有良好的蠕变性能，但其中温性能、尤其是中温塑性并不理想，易于在稳态蠕变期间直接发生脆性断裂，这对合金的寿命预测及安全可靠使用带来了很大的困难，且其他合金也发生了类似的中温“塑性低谷”问题。

因此，设想若在铸造合金中消除了与应力轴垂直的晶界，则可避免与应力轴垂直的晶界发生裂纹的萌生和扩展，提高合金的高温蠕变性能，基于以上思想，促进了定向凝固技术的发展[9~11]。通过对熔炼中固-液界面梯度的控制，促使熔炼中的晶粒择优生长，并使合金中的晶粒沿［001］取向定向生长，以消除与应力轴垂直的横向晶界，而保留与应力轴平行的纵向晶界，从而消除了合金在服役期间，裂纹沿与应力轴垂直的晶界萌生与扩展的可能性，因而可提高合金的蠕变抗力，延长合金的持久寿命，使高温合金的发展进入到一个全新的阶段。

定向凝固技术的出现，不仅大幅度提高了合金的使用温度和蠕变性能，也提高了合金的热疲劳性能[12]。在此基础上，各国相续研制出具有良好蠕变性能的定向凝固合金，典型的凝固合金包括：René150（美国）、CM247LC（美国）、MAR-M002（英国）、KC6KH（俄罗斯），以及我国研制的 DZ22[13]、DZ4[14]、DZ125[15]等，这些合金现在仍在航空发动机和地面燃气轮机中广泛使用。我国研制的定向凝固合金和单晶合金的持久性能示于表 1-1。随着定向凝固技术的成熟，燃气轮机叶片的长度逐渐增加，Howmet 公司研制的叶片长度可达 305～635mm。

采用不同工艺制备的等轴晶、柱状晶和单晶叶片如图 1-2 所示[16]。

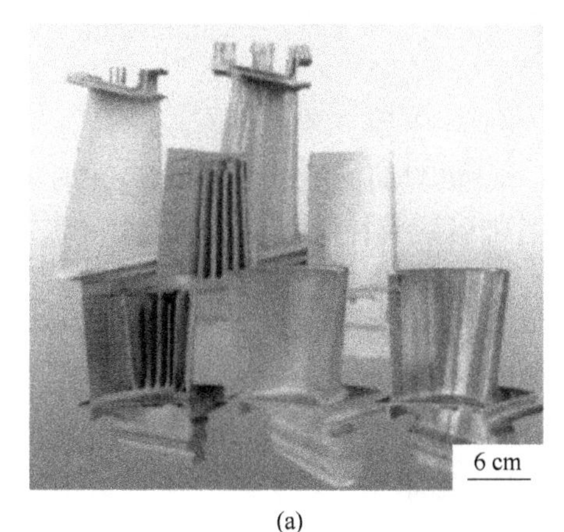

(a)

(b)

图 1-2 定向柱晶叶片和单晶叶片
（a）柱状晶叶片；（b）单晶叶片

表 1-1 我国研制的定向凝固合金和单晶合金的持久性能

合金		测试条件	蠕变寿命/h
等轴晶 柱状晶	DZ404	980℃/206MPa	100
	DZ422	980℃/213MPa	100
	DZ422B	950℃/217MPa	100
	DZ417G	980℃/185MPa	100
	DZ4125L	980℃/243MPa	100
	DZ4125	980℃/218MPa	100
单晶叶片	DD402	1050℃/140MPa	254
	DD403	1040℃/140MPa	100~200
	DD407	1050℃/140MPa	283
	DD406	1100℃/140MPa	146
	DD498	1100℃/140MPa	121

1.1.3 定向凝固合金的制备及成分特点

尽管单晶合金具有良好的承温能力和蠕变抗力，但其制备成本的大幅度提高，限制了合金的广泛应用。因而，国内外研究者仍在从事定向凝固合金的研究工作[17~19]。由于定向凝固合金的力学性能与单晶合金相当，但可以大幅降低合金的成本、密度等，因此，定向凝固合金仍具有广泛的应用前景。

定向凝固合金不仅可以大幅度提高合金的使用温度和蠕变性能，还可以提高合金的热疲劳性能，这归因于定向凝固合金独特的组织结构。合金在定向凝固过程中，其凝固条件决定了晶粒的生长方向和基本的组织结构，因此凝固过程工艺参数的控制十分重要。

合金熔体在定向凝固期间，其凝固组织主要受如下两个因素所控制：（1）固-液界面中液相的温度梯度（G_L）；（2）固-液界面的推进速度（R），即凝固速度。通过改变固-液界面液相的温度梯度 G_L 可达到控制合金凝固组织的作用。G_L 和 R 具有不同的指数形式，如式（1-1）和式（1-2）所示，其 G_L 和 R 不同指数函数的乘积，决定了合金具有不同的凝固组织，例如：通过调整两项乘积的数值，定向凝固合金可获得不同尺寸的一次及二次枝晶间距。进一步分析可知，G_L 与 R 的比值决定了熔体凝固界面前沿过冷度的大小，当 G_L 与 R 的比值大于某一临界值时，固-液界面将垂直生长，从而可以消除水平晶界，得到与应力轴平行的竖直晶界。此外，通过调节 G_L 与 R 的数值可以控制凝固区间，以促进凝固后期的补缩，减少合金中凝固析出的斑点和缺陷。因此，在熔体定向凝固过程中必须严格控制 G_L 与 R 值的数值，以便获得理想的凝固组织及优良的力学性能。

$$\lambda_1 \propto G_L^{-1/2} R^{1/4} \tag{1-1}$$

$$\lambda_1 \propto (G_L R)^{-1/3} \tag{1-2}$$

传统的定向凝固方法包括功率降低法、发热铸型法及高速凝固法（HRS）等。其中，HRS 法的设备如图 1-3（a）所示，其特点是：铸件以一定的速度从炉中移出，并采用空冷方式降温，此外，由于炉子处于保持加热状态，应用这种

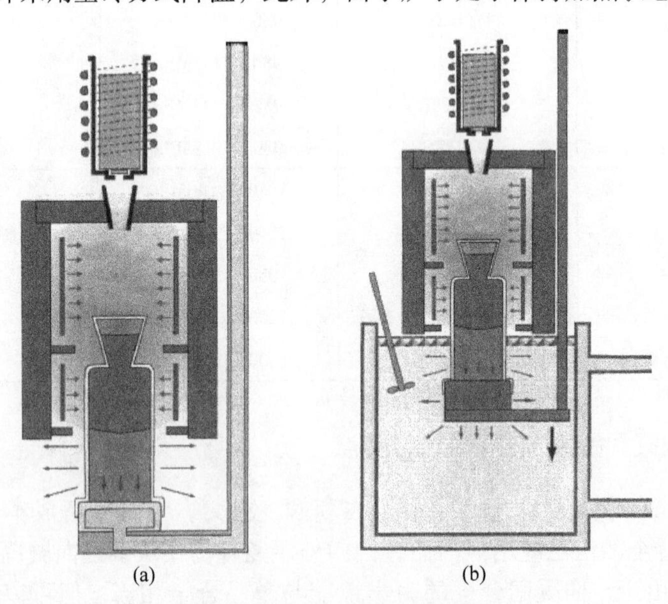

图 1-3 定向凝固设备示意图

（a）高速凝固法；（b）液态金属冷却技术

方法可以使熔体获得较高的温度梯度和冷却速度，以保证定向凝固合金的枝晶间距较长，组织细密且较为均匀，因此被广泛应用，我国自主研发的DZ125等合金，均采用该技术生产。

新型定向凝固技术主要包括：（1）区域液态金属冷却法（ZMLMC）；（2）深冷定向凝固法（DUDS）；（3）液态金属冷却技术（LMC），其设备如图1-3（b）所示。其中，LMC法是德国ERLANGEN大学研制的，它利用液态金属Sn作为冷却介质，通过导热管来传递固相区的热量，使定向凝固过程中的温度梯度G_L得到明显的提高。除此之外，此技术不仅可以扩大凝固速度的控制范围，使合金的凝固组织具有较大的可控性，并且还可以节约成本，简化生产过程。

由于定向凝固合金中存在与应力轴平行的晶界，因此，Hf、C、B等晶界强化元素被加入到合金中，这些元素主要富集在枝晶间区域[20~24]。其中，Hf是正偏析元素，富集在γ'/γ两相共晶组织的边缘，及MC碳化物中[25]。在凝固过程中，Hf与C等其他元素反应形成HfC、Ni_5Hf、$(M, Hf)_2SC$等多种富Hf相。当Hf含量小于2%时，随着Hf含量的增加，DZ22合金的力学性能提高，这归因于Hf元素的净化晶界作用；但当Hf元素含量大于2%时，可促使共晶组织的形成，反而降低合金的力学性能。同时，在相同凝固条件下，Hf元素可以直接影响一次枝晶间距的尺寸，随着Hf含量增加，一次枝晶间距先增大、后减小，在Hf含量为0.32%时，达到最大值。除此之外，B元素也可以提高合金的晶界强度，降低晶界扩散速率，改善合金中γ'相的尺寸等。合金在高温/低应力蠕变条件下，较高B含量的合金具有较高的蠕变寿命。当B含量为50×10^{-6}时，合金的室温强度最好，但进一步提高B含量，对合金的蠕变强度无明显影响。

Nb是高温合金的主要强化元素之一，Nb能细化合金中γ'相的尺寸，并使碳化物分布均匀。随着合金中Nb含量增加，可提高合金的组织稳定性、耐疲劳性等。但Nb元素的含量一般小于3%，这归因于Nb元素易促使TCP相的形成，一旦TCP相析出，可消耗合金基体中W、RE等难熔元素，故可降低合金的蠕变性能，并且TCP相本身也是合金的薄弱相，易于裂纹的萌生。另外，当合金中Nb含量为5%时，可促使三元共晶（$M_{23}C_6+\gamma+\gamma'$）组织的形成，而Nb含量为0%、1.2%时，并没有共晶组织形成，表明共晶组织含量随着Nb含量提高而增加，因此，合金中的Nb含量受到控制。

第二代定向凝固合金与第一代定向凝固合金最大的区别在于，RE、Ru等难熔元素的加入，可大幅度提高合金的蠕变强度[26,27]。这归因于RE、Ru等元素主要分布于γ基体中，在γ'相中分布较少，其分布于基体中的RE，可降低层错能，使剪切进入γ基体中的位错易于分解，形成不全位错+层错的位错组态，可抑制位错的交滑移，提高位错的运动阻力[28~31]。再则，分布于基体中的RE，可形成原子团，阻碍位错运动和元素扩散，并抑制γ′相在蠕变期间的过分长大，有利于析出细小γ′相，增加γ/γ′两相的晶格错配度，延长合金在高温蠕变期间γ′相的筏形化时间。表1-2是典型定向凝固镍基合金的成分特点[32]。

表1-2 典型定向凝固镍基合金的成分特点（质量分数） （%）

合金	Co	Cr	Mo	W	Al	Ti	Ta	Hf	RE	C	B	Zr	其他
Mar-M200	10.0	9.0	—	12	5.0	2	—	1.8	—	0.14	0.02	0.08	1Cb
GTD111	9.5	14.0	1.5	3.8	3.0	4.9	2.8	—	—	0.1	0.01	—	—
MGA1400	10.0	14.0	1.5	4.0	4.0	3.0	5.0	—	—	0.08	—	0.04	—
CM247LC	9.0	8.0	0.5	10.0	5.6	0.7	3.3	1.4	—	0.07	0.015	0.01	—
TMD-5	9.5	5.7	1.9	13.7	4.6	0.9	3.4	1.4	—	0.07	0.015	0.01	—
PWA1422	10.0	9.0	—	12.0	5.0	2.0	1.0	4.5	—	0.14	0.015	0.1	—
IN792Hf	8.7	12.1	1.8	4.4	3.4	4.0	4.2	1.0	—	0.072	0.016	0.04	—
PWA1426	12.0	6.5	1.7	6.5	6.0	—	4.0	1.5	3.0	0.1	0.016	0.03	—
CM186LC	9.0	6.0	0.5	8.5	5.7	0.7	3.5	—	3.0	0.07	0.015	0.005	—
Rene150	12.0	5.0	1.0	5.0	5.6	—	6.0	1.5	3.0	0.06	0.015	0.02	2.2V
Rene142	12.0	6.7	1.5	4.9	6.2	—	6.5	1.5	2.8	0.12	0.016	0.02	—
TMD-103	12.0	3.0	2.0	6.0	6.0	—	6.0	0.1	5.0	0.07	0.016	—	—
TMD-107	6.0	3.0	3.0	6.0	6.0	—	6.0	0.1	5.0	0.07	0.015	—	2Ru
DZ3	5.0	8.0	0.6	8.0	5.6	1.0	6.0	—	—	<0.006	—	—	—
DZ8	9.14	8.4	0.48	9.18	5.51	0.78	3.06	1.45	—	0.10	0.016	—	—
DZ125L	10.0	9.0	2.0	7.0	5.0	2.2	3.6	—	—	0.11	0.01	—	—
DZ125	10.0	9.0	2.0	7.0	5.0	1.0	3.8	1.5	—	0.1	0.016	—	—
DZ9	9.75	8.26	6.08	—	5.65	1	4.16	—	—	0.1	0.018	0.09	—
DZ4	5.7	9.5	3.9	5.5	6	1.9	—	—	—	0.13	0.018	0.02	—
DZ22	10.0	9.0	—	12.0	2.0	2.0	—	1.8	—	0.15	0.015	0.1	1Nb
DZ417G	10.0	9.0	3.0	—	5.2	4.5	—	—	—	0.19	0.018	—	—
DZ38G	8.5	16.0	1.75	2.6	3.9	3.9	1.75	—	—	<0.03	0.005	≤0.007	0.7Nb

1.1.4 定向凝固合金的热处理制度

定向凝固合金特殊的凝固条件会使合金产生严重的枝晶偏析及不均匀的γ′相尺寸[33,34]。由于γ′相是合金的主要强化相，其数量、尺寸、形态和分布决定了合金的力学性能。因此，必须通过热处理来调节γ′相的尺寸、形态和分布，以使合金获得最佳的力学性能。固溶及时效处理是合金热处理的重要组成部分，固溶处理可以降低元素的偏析程度，控制γ′相的尺寸，时效处理可以调整γ′相的尺寸、形态和分布[35~38]。各种典型定向凝固镍基高温合金的热处理制度示于表1-3。

表 1-3 典型定向凝固镍基高温合金的热处理制度

合金类型	热处理制度
SC180 合金	1324℃/3h，空冷 +1080℃/4h，空冷+870℃/24h，空冷
CMSX-2 合金	1316℃/3h+1050℃/16h，空冷+850℃/48h，空冷
DD8 合金	1240℃/4h，空冷+1320℃/8h，空冷+1090℃/3h，空冷+870℃/24h，空冷
CMSX-4G 合金	1290℃/2h，空冷+1305℃/3h，空冷+1140℃/4h，空冷+870℃/20h，空冷
CMSX-3 合金	1293℃/2h，空冷+1298℃/3h，空冷+1080℃/4h，空冷+871℃/20h，空冷
CMSX-6 合金	1240℃/3h，空冷+1270℃/3h，空冷+1277℃/3h，空冷+1080℃/4h，空冷+870℃/20h，空冷
PWA1480 合金	1288℃/4h，空冷+1080℃/4h，空冷+871℃/32h，空冷
454 合金	1288℃/4h，空冷+1079℃/4h，空冷+871℃/32h，空冷

通过对 DZ417G 合金分别在 1240℃、1200℃、1180℃、1160℃保温 4h 空冷及时效处理，并结合组织形貌观察表明，随着固溶温度的升高，合金中 γ′/γ 两相的共晶组织尺寸和体积分数减小。当固溶温度为 1160℃时，枝晶间粗大的 γ′相并不能完全溶解。固溶温度对合金的高温蠕变性能具有较明显的影响，但对中温蠕变性能影响不大。合金经固溶处理后，其高温屈服强度和塑性都可明显提高。定向凝固合金的蠕变性能，随着固溶温度的升高而提高，因为随着固溶温度的提高，合金的组织结构得到改善，如共晶组织和枝晶间粗大的 γ′相不断溶解（一般情况下在 1250~1260℃时完全溶解），并在随后的冷却期间可以析出更加细小的 γ′相，并改变晶界形貌，使晶界变为细线状[39,40]。但固溶温度应该控制在合金的初熔温度以下。

DZ417G 合金经 1200℃保温 4h 空冷后，在 900℃、950℃、980℃和 1020℃分别保温 16h 进行时效处理，然后测定出合金在 760℃/725MPa 的持久性能，如表 1-4 所示[41]。可以看出，时效温度对合金持久性能具有明显的影响，其中经 980℃时效，合金的持久塑性最好，并且在此条件下合金具有最佳的持久性能。

表 1-4 时效温度对 DZ417G 合金在 760℃/725MPa 持久性能的影响

力学性能	铸态	时效温度/℃			
		900	950	980	1020
断裂寿命	76.5	11.0	51.5	139.0	7.0
应变量 δ/%	18.0	5.0	9.0	21.0	12.0

热处理不仅可以改变 γ′相的尺寸、形态和分布等，还可以改善碳化物产生的形态、尺寸和分布。对于 DZ159 合金而言，其铸态合金中的碳化物呈汉字状

分布，经完全热处理后，合金中碳化物转化为点状，这种形态的碳化物有利于抑制裂纹的萌生和扩展。

1.2　镍基合金的强化机理

1.2.1　γ与γ′相的强化

随着第二代、第三代定向凝固合金的快速发展，定向凝固合金中加入少量晶界强化元素 C、B 等，使合金中各相尺寸、形态和分布更为复杂。

尽管定向凝固高温合金是由近 10 种金属及非金属元素所组成的，但结构相对简单，主要由 γ 相和 γ′相所组成。由于两者具有基本相同的原子结构以及点阵常数，所以 γ′相和 γ 基体相是以共格形式存在的。γ′相晶体结构如图 1-4（c）所示，可以看出 γ′相晶体结构为面心结构，Ni 原子用黑色球表示，位于面心位置。Al 原子用白色球表示，位于晶体顶点位置。在热处理及蠕变过程中，多种元素可与 Ni、Al 发生置换反应，形成合金强化，提高合金的力学性能。

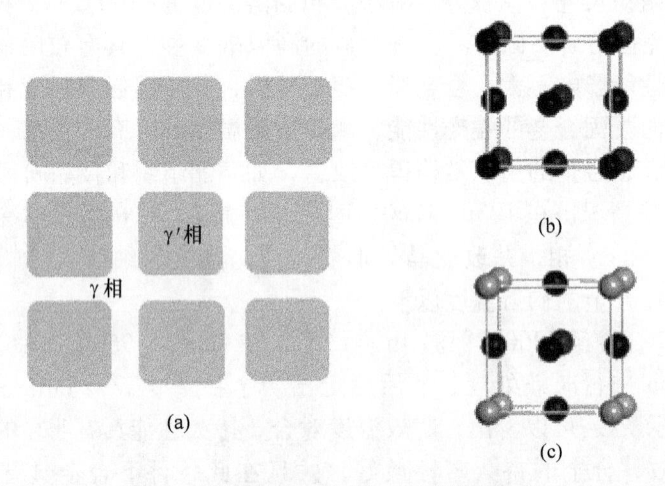

图 1-4　镍基合金 γ′相及 γ 相的微观结构

（a）具有连贯性的微观结构；（b）γ 相面心立方结构；（c）γ′相结构

镍基合金的特征是：合金化的奥氏体 γ 基体相加弥散分布于其中的高体积分数的 γ′相，其中，γ 相既是基体相也是强化相。这是因为 RE、W、Ta、Co 等难熔元素分布于 γ 基体中，由于上述难熔元素的原子半径与基体 Ni 的原子半径不同，故可引起晶格畸变，从而达到应变强化的作用[42~44]。同时，这些元素还可以降低合金基体的层错能，增加位错运动的阻力，故可提高合金基体的强度。

元素 RE 对 γ 基体相具有特殊的强化机理，Walston 等人指出[45]，RE 在基体中偏聚形成尺寸约 1nm 的原子团簇，该原子团簇比单个溶质原子具有更有效的强化作用，在蠕变期间可以有效地阻碍基体中位错的运动来提高合金的强度。此外，RE 原子与 Ni 原子结合形成 Ni-RE 键，可以降低 Ni 原子的扩散速率，延长 γ'相的筏形化时间。

弥散分布于 γ 基体中的 γ'相是合金中主要的强化相，γ'相具有面心立方结构，通常在凝固和热处理期间自 γ 基体中析出，与 γ 基体保持共格界面。但两者晶格常数略有差异，故在两相之间存在晶格错配度（δ），产生错配应力场，蠕变过程中位错在基体中运动至 γ'相受阻，其应力场作用可抑制位错切入 γ 相[46~48]。因此，合金中 γ'相的形态、尺寸与分布对蠕变性能有重要的影响，即：随 γ'相体积分数的提高，合金蠕变性能相应提高。

1.2.2 碳化物强化

由于定向凝固合金中存在晶界，且晶界仍是合金蠕变强度的薄弱环节，所以需要引入 C、B、Hf 等晶界强化元素。定向凝固合金中除存在 γ'、γ 两相外的第三种强化方式，即由 C 与其他元素形成的碳化物强化[49,50]。碳化物的形态、种类和分布与合金的凝固方法、成分和热处理制度有关，并对强化效果有重要影响。MC、M_6C、$M_{23}C_6$是镍基合金中碳化物的主要存在方式，它们具有 FCC 面心立方结构。由于 C 是正偏析元素，所以大部分碳化物存在于枝晶间区域。各类碳化物相比较，稳定性最强的是 MC 碳化物，其次是 M_6C，而 $M_{23}C_6$是最不稳定的碳化物[51]。MC 具有初生和次生两种形式，在 760~1150℃范围内，MC 碳化物较为稳定，且具有条块状、颗粒状、汉字状三种形态，Ta、Hf、W、Ti、B 是主要的碳化物形成元素。粒状 MC 型碳化物对合金的性能较为有利，而其他形态的碳化物对合金性能的影响仍存在分歧。合金经高温固溶处理后，部分 MC 型碳化物可以发生溶解，并在后续的时效处理期间再次析出，其反应式为[52]：

$$MC + \gamma \longrightarrow M_{23}C_6(M_6C) + \gamma' \tag{1-3}$$

上式反应一般发生在 Cr、C、W 等元素较为富集且元素扩散速率较大的晶界区域。合金在凝固及固溶热处理期间析出的碳化物种类，取决于 Cr、Mo 和 W 的含量，当合金中 Mo 或 W 含量（原子数分数）大于6%~8%时，优先析出 M_6C 型碳化物，当合金中 Cr 含量较高时，优先析出 $M_{23}C_6$型碳化物[53]。

采用不同工艺热处理可使定向凝固合金中析出不同形态和种类的碳化物，其碳化物形态对合金的性能有重要影响[54,55]。镍基 FGH95 合金在较高温度 1160℃进行固溶处理时，通过扫描电镜可以看到在晶内及沿晶界有粒状 $M_{23}C_6$碳化物，这些碳化物可抑制晶界滑移，阻碍裂纹的萌生和扩展，提高合金的蠕变抗力。而将 FGH95 合金的固溶温度提高到 1165℃，沿晶界形成碳化物薄膜，此类碳化物可降低晶粒间的结合强度，导致合金的力学性能大幅度下降[56,57]。

碳化物的形态及数量可通过调整合金成分、热处理制度等手段来控制，具体有如下方式：

(1) 合金中的碳含量是直接影响碳化物析出温度、数量和种类最直接的因数。将 FGH96 合金的碳含量从最低的 0.03%增加到最高的 0.06%，通过 SME 形貌观察合金中 MC、M_6C 和 $M_{23}C_6$ 型碳化物明显增加，并且 Al、Nb、Cr、W 等元素也可以对碳化物析出温度产生影响。随着 Al 和 Nb 元素含量减少，MC、$M_{23}C_6$ 型碳化物的析出温度升高，同时，当合金中的 Cr、W 等元素含量增大时，在一定温度条件下可抑制 $M_{23}C_6$ 型碳化物的析出，反而促进 MC 碳化物的析出。

(2) 不同热处理工艺及热处理步骤对合金碳化物形态、种类及析出方式产生重要影响。如 DZ417G 合金经过 1220℃高温固溶处理后，在晶内原块状 MC 碳化物仍保持原来形态未能完全溶解，经过 1110℃时效处理 4h 后晶内原块状 MC 碳化物大部分可以分解成颗粒状碳化物；随着固溶温度提高至 1235℃、1345℃后，可以看出合金经过固溶处理后在晶内原块状 MC 碳化物具有较好的溶解程度，细小的颗粒状碳化物沿晶界及晶内分布。

(3) 微量元素对合金中碳化物形态具有较大影响，当合金中加入元素锆（Zr）时，Zr 元素可促使 C 原子与 Cr 原子相互反应形成（Cr）$_{23}C_6$ 型碳化物，该碳化物可以均匀分布于晶界附近，提高合金抗力。但过高的锆含量会导致机体对碳化物的溶解度增大，导致碳化物以片状形态析出，片状形态的碳化物是合金在蠕变过程中空位及裂纹易萌生的地方，因此对合金的蠕变及力学性能具有较大的损害。

综上表明，沿晶界析出的粒状碳化物可以阻碍晶界滑移，而沿晶界析出的片状 MC 碳化物则可降低合金的蠕变性能，因此，碳化物对合金力学性能的影响取决于碳化物的形态、种类、分布及尺寸等。而合金的化学成分及热处理方法对碳化物的形态有重要的影响。

1.2.3　晶界强化

定向凝固合金虽然消除了与应力轴垂直的横向晶界，但是仍存在与应力轴平行的竖直晶界，且晶界强度对合金的蠕变强度有重要影响。在低温蠕变条件下，位错运动至晶界受阻，大量位错堆积于晶界附近，形成位错缠绕，其引起形变硬化作用可提高合金的力学性能。而在高温蠕变条件下，位错易于在晶界附近塞积，并与缺陷相互作用，易使裂纹在晶界处萌生和扩展。特别是在某些高温蠕变条件下，晶界变形量达到合金总变形量的 50%。因此，晶界仍是合金蠕变抗力的薄弱环节[58~61]。通过提高晶界强度，可以有效提高合金的力学性能，提高晶界强度的具体方法有：

(1) 消除晶界的有害组织（SRZ）。研究表明[62]：一种以 γ′为基体，伴有针状 P 相和 γ 相的复杂组织，被认为是晶界处的有害组织，或称为 SRZ 组织，该组织经常出现在小角度晶界区域，以 γ'-γ-P 胞状晶团的形式存在。晶界处的有害组织（SRZ）可以引起晶界滑移，并在该区域易于发生裂纹的萌生与扩展，所以必须避免晶界上出现 SRZ 组织。虽然定向凝固合金已消除了横向晶界，但仍存在与应力轴平行或呈 45°的倾斜晶界，这些 45°的倾斜晶界相比于竖直晶界，更容易产生裂纹，因此应该严格控制。

（2）控制碳化物的形态（见碳化物部分）。

1.3 合金的变形机制

位错运动是合金在蠕变期间最本质的变形方式，研究表明[63~65]：同一合金在不同条件下，位错具有不同的运动方式。

γ'/γ 两相合金具有良好的力学及蠕变性能的原因是：γ'/γ 两相之间的界面存在共格错配应力场，在蠕变期间界面应力场对位错运动有阻碍作用，可提高位错运动的阻力，故对合金具有强化作用。表 1-5 列出了某些合金在蠕变期间的位错运动特征。

表 1-5 不同合金中位错运动的方式

研究者（年份）	合金	温度/K	结 论
Webster，Piearcey（1967）	Mar-M200	1100~1033	在蠕变第二阶段并未发现位错切入 γ'相，大部分位错仅在基体通道中滑移
Leverant，Kear（1970）	Mar-M200	1100~1033	在蠕变初期及中期在基体通道及 γ'相中发现大量（1/2）<112>位错
Caron，Khan（1983）	CMSX-2	1100~1033	在蠕变初期及中期在基体通道及 γ'相中发现大量（1/2）<112>和（1/3）<112>位错
Khan，Caron（1983）	CMSX-2	1100~1033	在蠕变后期大量（1/2）<110>和（1/3）<112>位错切入 γ'相，并且（1/2）<110>位错可以分解为层错加不全位错的形式
Huisin't，Veld（1985）	MM600	1000~1063	（1/2）<110>位错和（1/3）<112>位错在 γ'相中被观察到
Link，Feller，Kniepmeier（1988）	SRR99	1200~1253	在蠕变初期及中期并没有在 γ'相发现（1/2）<110>位错，大量（1/2）<110>位错在基体通道中滑移
Pollock，Argon（1988）	CMSX-3	1100~1123	直到高温蠕变第二阶段的后期，在 γ'相中均未检测到位错
Lin，Wen（1989）	Rene’80	1000~1033	（1/3）<112>+SISF 和（1/3）<112>+APB+SISF 位错出现在 γ'相中，（1/2）<110>出现在 γ 基体相中

1.3.1 蠕变期间位错的运动

镍基高温合金的蠕变分为三个阶段，即初始蠕变阶段、稳态蠕变阶段和加速蠕变阶段[66]。图 1-5 为蠕变初期位错运动的示意图[67]，可以看出，蠕变初期的变形机制是（1/2）<110>位错在 γ 相基体的（111）面上运动，一部分位错在 γ 基体通道中弓出，而另一部分沿着立方 γ′相攀移，其示意图如图 1-5（a）所示。当位错在（1$\bar{1}$1）面滑移受阻时，可通过交滑移至另一（111）面持续滑移，如图 1-5（b）所示。由于在此阶段位错运动的阻力较小，所以合金的应变速率较快。随着蠕变的进行，位错密度增大，位错塞积引起的形变硬化作用可降低合金的应变速率，直至合金的蠕变进入到稳态阶段。当塞积位错的密度达到一定程度时，可在 γ/γ′两相界面或晶界处引起应力集中，当应力集中值大于 γ′相的屈服强度时，可致使位错剪切进入 γ′相，使蠕变进入到加速阶段。

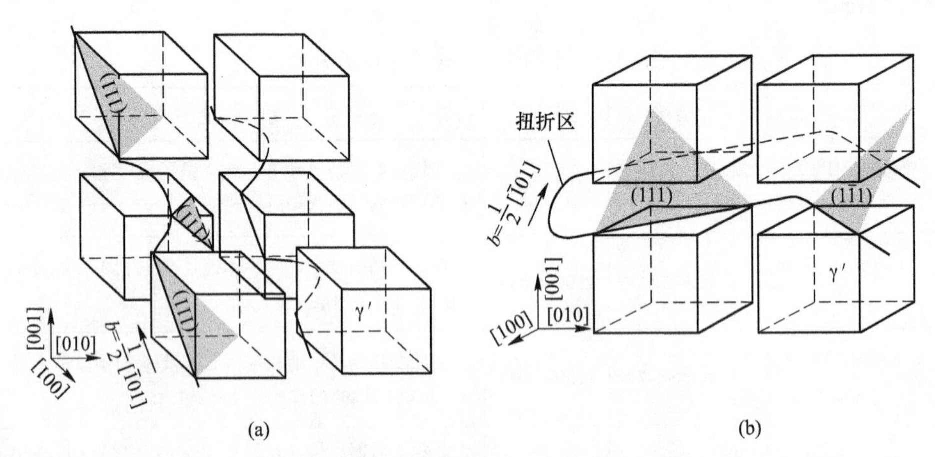

图 1-5 蠕变第一阶段位错滑移、交滑移示意图

（a）位错的滑移和攀移；（b）位错的交滑移

施加应力在位错运动滑移面上的分切应力是合金位错运动的驱动力，当施加应力在位错运动滑移面上的分切应力可以克服位错弓出的 Orowan 抗力时，位错就可以沿着该滑移面弓出。图 1-6 表示位错 MN 沿（1$\bar{1}$1）面弓出的示意图。当 MN 位错的滑移面为（1$\bar{1}$1）晶面并沿该晶面进入基体通道时，其临界切应力可表示为[68]：

$$\tau_{\text{Orowan}} = \sqrt{\frac{2\mu b}{3h}} \tag{1-4}$$

式中，μ 为剪切模量；b 为柏氏矢量；h 为两粒状 γ′相之间的距离。

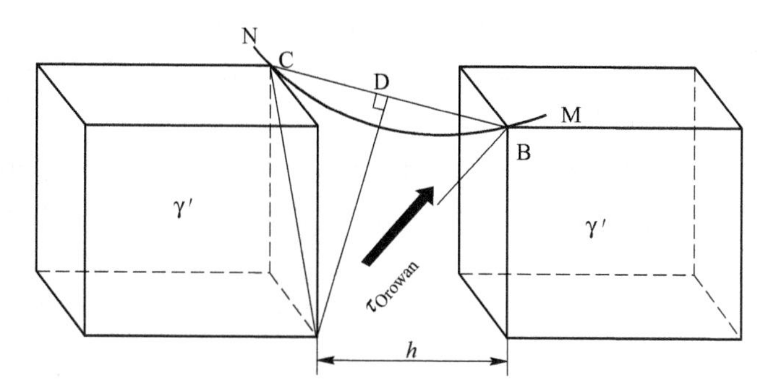

图 1-6 位错 MN 沿（$1\bar{1}1$）面弓出的示意图

1.3.2 蠕变期间位错剪切γ′相

合金蠕变第一阶段变形主要是由位错在机体中滑移及交滑移所完成的[69]。在蠕变第一阶段，不同滑移面的位错不断被激活，在基体中滑移，大部分位错滑移至 γ′/γ 两相界面时被界面所阻碍，导致大量位错在此处塞积。随着蠕变时间的增加，合金进入蠕变第二阶段，应变增大，位错滑移面所受有效应力增大，可促使位错发生攀移。在位错发生攀移的过程中，需要不断地吸收能量，或是位错直接相互提供能量，使其运动到晶界，缺陷或者剪切进入 γ′相。在蠕变过程中位错不断发生反应，如下式所示：

$$(a/2)<110>_{matrix}+(a/2)<110>_{matrix}\longrightarrow(a/2)<110>_{\gamma'}+APB+(a/2)<110>_{\gamma'} \tag{1-5}$$

$$(a/2)<110>_{matrix}\longrightarrow(a/3)<112>_{\gamma'}+SISF+(a/6)<112>_{matrix} \tag{1-6}$$

定向凝固合金在蠕变期间，位错运动是其主要的变形方式，位错在基体通道中滑移或剪切进入 γ′相，主要以下列两种形式剪切进入 γ′相：（1）发生如式（1-5）所示反应，两个 1/2<110>位错剪切进入 γ′相反应形成反相畴界（APB）的形式，如图 1-7（a）和（b）所示；（2）发生如式（1-6）所示反应，一个

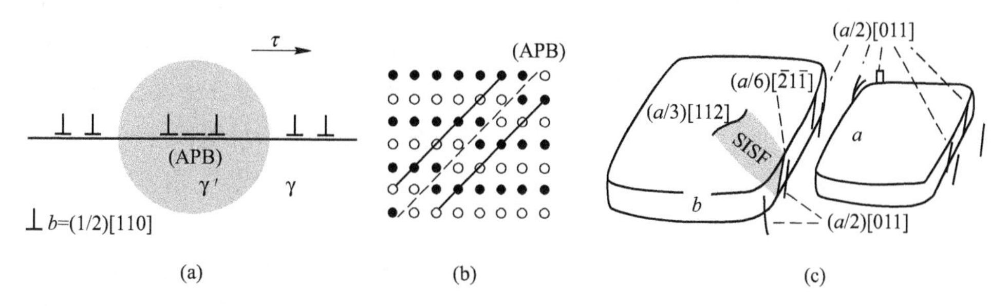

图 1-7 位错剪切 γ′相形形成不同种类位错示意图
（a），（b）反相畴界；（c）内禀堆垛层错

1/2<110>位错剪切进入 γ' 相反应形成反相畴界（SISF）加上两个<112>不全位错的形式，其中，1/3<112>不全位错位于 γ' 相内，1/6<112>不全位错位于 γ/γ' 界面上，如图 1-7（c）所示。

合金中位错切入 γ' 相具体以上述两种形式中的哪种形式分解是由合计的层错能所决定的。当合金具有的层错能较低时，层错形成容易，在蠕变过程中剪切进入 γ' 相的位错易于发生式（1-6）所示反应，形成层错加不全位错的位错组态[70~72]。当合金具有的层错能较高时，层错不易形成，在蠕变过程中剪切进入 γ' 相的位错，易于按式（1-5）发生反应，分解为不全位错加反向畴界的位错组态[73]。

研究表明[74]，当合金在温度较低、应力较高的情况下蠕变时，合金具有较低的层错能，在蠕变期间，由于｛111｝为原子的密排面，切入 γ' 相的位错可沿｛111｝面滑移，并可分解为两个不全位错+SISF 的位错组态，也可由｛111｝面交滑移到（010）面，形成 K-W 锁的位错组态，可抑制位错再次滑动，提高合金在中温蠕变期间的蠕变抗力。

1.3.3　错配度对蠕变性能的影响

合金中 γ、γ' 两相的错配度是衡量两相界面应变状态重要的物理量[75]，当合金中 γ、γ' 两相的错配度较大时，在蠕变初期位错易于在基体通道中滑移，并可形成四边及六边形规则的位错网。当合金中 γ、γ' 两相的错配度较小时，在蠕变初期位错易于在基体通道中通过攀移滑动，并形成不规则的位错网。位错运动方式及位错网的状态对合金蠕变性能具有较大影响，因此，错配度是影响合金蠕变性能的重要因素。晶格错配度通常可表示为：

$$\delta = 2(\alpha_{\gamma'} - \alpha_{\gamma})/(\alpha_{\gamma'} + \alpha_{\gamma}) \tag{1-7}$$

定向凝固镍基合金中，γ 基体和 γ' 相都是面心立方结构，γ 基体和 γ' 相呈共格或半共格状态，因此两者具有相近的晶格常数和晶体结构。为了计算出 γ、γ' 两相的晶格常数和错配度，可通过测定合金的 XRD 衍射谱线来确定，如图 1-8 所示。从图中可以看出，衍射峰并不对称，这是由于合金中 γ、γ' 两相体积分数的差别所致。采用专业软件对合成峰进行分离，并通过计算可得出 γ、γ' 两相晶格常数[76]。如图 1-8 所示为一种单晶合金的 XRD 峰，并进行峰分离，可以看出，γ' 相的体积分数达到 60%，γ 相的体积分数达到 40%，故合金具有负的晶格错配度。

研究表明[77]，不同类型合金具有不同 γ、γ' 两相的错配度，并且 γ' 相的最佳尺寸随 γ'/γ 两相错配度的变化而变化。如对 CMSX-2 应用不同的固溶温度进行热处理，得到不同尺寸的 γ' 相。经过蠕变性能测试，当 γ' 相的尺寸为 0.45μm 时，CMSX-2 合金具有最佳的蠕变性能。而当 γ' 相的尺寸为 0.25μm 时，DZ402

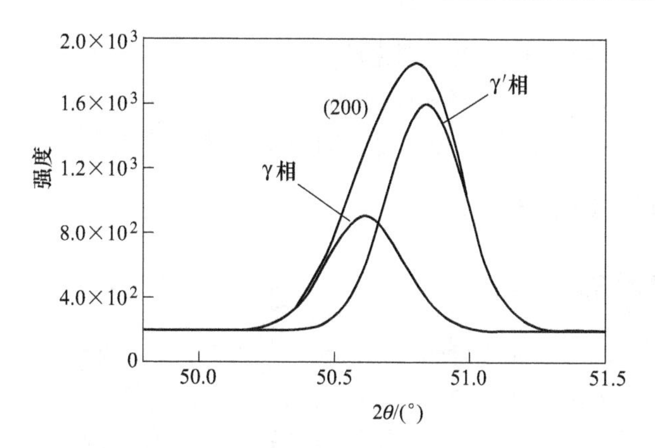

图 1-8 一种单晶合金的 XRD 峰

合金具有最佳的蠕变性能。因此有必要针对某一种合金进行 γ、γ′两相的错配度的计算，以便找到最佳蠕变性能的 γ′相的尺寸。

图 1-9 为合金中 γ′/γ 两相晶格错配度、γ′相尺寸与蠕变性能之间的关系，从图中我们可以看出，不同错配度合金对 γ′相尺寸敏感程度不同，当合金错配度 $|\delta|\geqslant 0.5\%$时，γ′相尺寸对合金蠕变性能具有较大的影响，随着 γ′相尺寸增大，合金蠕变性能减小。当合金错配度 $|\delta|\leqslant 0.1\%$ 时，γ′相尺寸对合金蠕变性能影响不大。当合金错配度 $0.1\%\leqslant|\delta|\leqslant 0.5\%$ 时，合金蠕变性能在 γ′相尺寸为 0.45μm 时具有最大值。研究表明[78,79]：γ′相的形态决定合金最佳错配度，不同形态 γ′相的最佳错配度如表 1-6 所示[78,79]。

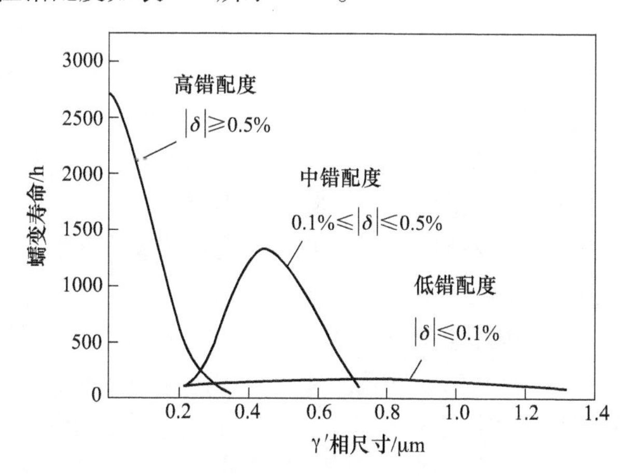

图 1-9 错配度和 γ′相尺寸与合金蠕变性能之间的关系

表 1-6 不同形态 γ′相的最佳错配度

γ′ 相形貌	球状	立方形态	板条状
最佳错配度	0~0.2%	0.5%~1.0%	1.25%

可以看出，当合金中γ′相分别为球状、立方体形态和板条状时，合金的最佳错配度分别为0～0.2%、0.5%～1.0%和1.25%。因此，可错调整γ′相的尺寸、形态以及合金的配度，由此可提高合金的力学及蠕变性能[80]。

1.4 蠕变期间的组织演化

1.4.1 蠕变期间的定向粗化

研究表明[81]，定向凝固合金在较高温度（>900℃）、较低应力蠕变期间，立方γ′相通常会发生沿某个取向的择优长大，并形成筏状组织，这种现象称为γ′相的定向粗化或筏形化，这是定向凝固和单晶合金特有的现象。γ′相是合金的重要强化相，其形态的改变对合金的性能具有明显的影响。因此，合金在蠕变期间的组织演化得到了广泛的研究[82,83]。

大量研究表明[84~86]：温度、施加应力的大小与方向、合金中γ′/γ两相的错配度、γ′/γ两相的弹性模量不匹配度以及晶体取向，均对γ′相的形态演化有重要影响。但并不是γ′相强化合金在蠕变过程中都可以形成筏状结构，对于CMSX-4合金而言，只有在温度高于950℃、应力小于200MPa的蠕变期间，γ′相才可以发生筏形化转变。一般认为γ′相发生定向粗化的最低温度是900℃。并且，温度的高低、应力的大小都对γ′相的筏形化速率有直接的影响，温度越高、应力越大，γ′相的筏形化速率越快[87]。Tien和Copely首先提出：由于施加应力方向不同，［001］取向定向凝固合金在高温蠕变期间可发生两种定向粗化行为[88]。

（1）N-型：形成筏状γ′相的方向与应力轴垂直（Normal-type）；

（2）P-型：形成筏状γ′相的方向与应力轴平行（Parallel-type）。

具有负错配度合金在拉应力蠕变条件下，或具有正错配度合金在压缩蠕变条件下，可形成N-型筏状组织；相反，负错配度合金在压缩蠕变条件下，或具有正错配度合金在拉应力蠕变条件下，可形成P-型筏状组织。

彭志方等人[89]研究了外加应力对［001］取向镍基合金中γ/γ′两相界面弹性应变的影响，针对蠕变过程中立方γ′相可演变成杆状、片状或块状筏状态的现象，分析了γ′相发生各种形态演化过程中原子的扩散途径，以及γ′/γ两相界面的迁移过程，讨论了界面能在γ′相筏形化过程中的作用。并认为：在蠕变过程中元素的扩散迁移，是γ′相定向粗化和γ′/γ相界面迁移的主要原因。

由此提出了一种γ′相在三维空间的生长方式，如图1-10所示。

1.4.2 γ′相形态对蠕变性能的影响

由于γ′相是镍基高温合金的主要强化相，因此，γ′相的形态对合金的蠕变性能有重要影响。在高温蠕变条件下，γ′相形成筏状组织是否有利于合金蠕变性能

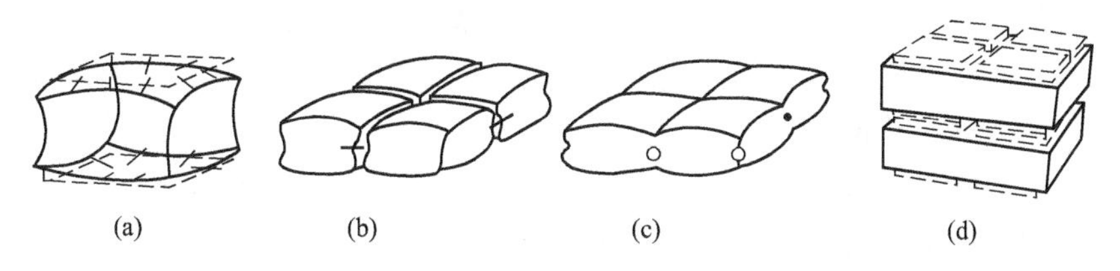

图 1-10 γ′相定向粗化过程的三维示意图

（a）元素从 γ′相的上下面沿着箭头方向扩散至相邻垂直通道；（b）γ′相合并前四周元素沉淀；（c）相邻 γ′相相互连接；（d）立方的 γ′相转变成筏状形态

的提高，目前还存在很大争议。一些学者认为[90,91]：γ′相在蠕变过程中，形成的筏状组织可以阻碍位错沿应力轴方向的运动，促使位错发生攀移，降低合金在稳态蠕变期间的应变速率，从而可提高合金的蠕变抗力，因此，合金在高温具有良好的蠕变性能。但另一些学者通过预压缩的方法[92,93]，制备出预先 γ′相筏形化的 CMSX-4 合金，并对其进行蠕变性能测试，与正常组织的合金进行蠕变性能的对比，发现其蠕变寿命低于正常热处理合金的蠕变性能。也有文献指出：预先 γ′相筏形化处理可以大幅提高合金的高温蠕变性能，但会降低合金在中温的蠕变性能。

1.4.3 元素扩散速率与 γ′相筏形化速率

高温蠕变期间，定向凝固合金中的 γ′相可发生定向粗化，且不同合金在不同条件下 γ′相的筏形化时间、速率和方向各不相同，这归因于高温蠕变期间元素的扩散速率不同[94,95]。降低合金中元素的扩散速率、延长 γ′相的筏形化时间，可以减缓合金的蠕变损伤速度。反之，则降低合金的蠕变抗力。在高温蠕变期间，由于元素的扩散速率和 γ′相筏形化速率直接影响合金的蠕变寿命，因此，在合金设计时应设法降低元素的扩散速率，可使合金具有良好的蠕变抗力。

研究表明[96~98]，随着应力的提高，元素的扩散速率增大，γ′相的筏形化时间缩短。且不同合金在相同蠕变条件下，元素具有不同的扩散速率和不同的 γ′相筏形化时间。元素 Al、Ta 是 γ′相形成元素，主要分布在 γ′相中，因此，元素 Al 的扩散速率决定了 γ′相的筏形化速率。在蠕变期间，元素 Al 扩散至基体的 {100} 晶面，可与其他原子形成异类原子结合键及 LI_2 型稳定的原子堆垛方式。由于元素 W 有较大的原子半径、较低的原子扩散速率，故相对稳定，因此，提高合金中 W 元素的含量，可以提高 Al 元素的扩散激活能，降低 Al 元素的扩散速率，从而降低 γ′相的筏形化速率，提高合金的蠕变抗力。

1.5 本书的目的、意义及研究内容

由于定向凝固合金基本消除了与应力轴垂直的横向晶界，其承温能力和持久

寿命与普通多晶铸造合金相比，都得到了较明显的提高，已被国内外广泛应用于制备先进航空发动机的叶片部件。诸多研究证明，服役期间叶片在高温高应力条件下工作，因此叶片部件发生蠕变损伤是导致叶片失效的主要形式。目前 DZ125 合金是我国性能水平较高的定向凝固镍基合金之一，具有良好的中、高温综合力学性能及优异的热疲劳性能，因此，DZ125 定向凝固合金的蠕变行为得到众多研究者的重视。

合金的宏观蠕变行为是其微观组织变形机制的外在表现，至今已对合金的高温蠕变行为及变形机制进行了深入研究。在高温恒定载荷作用下，普通多晶铸造合金中除了发生位错的滑移和攀移外，晶界通过滑移和迁移也参与变形。定向凝固合金因消除了横向晶界，其微观变形机制与普通多晶合金有所不同，不同的微观变形机制决定了定向凝固合金具有不同的蠕变特征，进而决定了该合金可作为航空发动机叶片的使用材料。由于定向凝固合金的蠕变行为与工程应用密切相关，特别是该合金在长寿命服役条件下蠕变不同时间的微观变形特征与合金的蠕变寿命密切相关，因此，揭示该合金的宏观蠕变行为与微观变形机制的依赖关系十分重要。

尽管镍基高温合金的蠕变行为及微观变形机制已得到广泛的研究，但针对军用大型运输机及民用大型客机发动机的高温热端部件需要长寿命而言，其长寿命热端部件在高温服役期间的蠕变行为与微观变形机制之间的依赖关系并不清楚。特别是长寿命热端叶片部件（定向凝固合金）在高温服役条件下，其蠕变行为与工程应用的安全可靠性密切相关，因此，揭示长寿命叶片使用材料的高温蠕变行为与微观变形机制的依赖关系十分重要。

为此，本书提出开展“长寿命服役条件下 DZ125 合金的蠕变行为与微观结构表征”的研究工作，意义在于：揭示 DZ125 合金在长/短寿命服役条件下蠕变期间的微观变形机制与宏观蠕变行为的依赖关系，提出合金在短时寿命服役条件下蠕变不同时间的微观变形机制，提出合金在长寿命服役条件下蠕变不同时间的微观变形机制。由此，提出微观变形机制对蠕变寿命、宏观蠕变行为的影响规律，提出合金在蠕变期间的变形机制与裂纹萌生、裂纹扩展及蠕变寿命的依赖关系，为该合金在长/短寿命服役条件下的寿命预测提供理论依据，以推进其在先进航空发动机中的应用。

据此，本书提出开展如下几方面的研究：

（1）研究 DZ125 定向凝固合金在蠕变期间的组织演化规律，并预测合金在不同条件下 γ'相的筏形化时间；

（2）研究合金在中温、高温条件下的蠕变行为，揭示合金中晶界在蠕变期间的作用及损伤特征；

（3）研究合金在高温蠕变期间的变形机制、裂纹萌生及扩展的特征与规律，研究合金在蠕变期间形成 K-W 锁的条件；

（4）与合金的短时寿命（<500h）相比较，研究该合金在长寿命服役条件下（>10000h）的蠕变特征；揭示蠕变不同时间的组织演化规律及微观变形特征；

（5）研究热处理对合金组织不均匀性及蠕变行为的影响规律。

2　合金的组织结构及蠕变特征

2.1　引言

定向凝固合金的组织结构由 γ′、γ 两相组成，其中 γ′相是合金的主要强化相。由于合金中消除了与应力轴垂直的横向晶界，因而与普通多晶铸造合金相比，定向凝固合金在服役条件下的力学性能和抗腐蚀性能都有较大幅度的提高，是国内外制备先进航空发动机热端叶片部件的主要材料[99~102]。

DZ125 合金是我国自主研发的定向凝固镍基合金，具有良好的中、高温综合力学性能。诸多研究证明，在高温服役条件下，旋转离心力是造成叶片部件蠕变损伤的主要失效原因。因此，DZ125 合金的蠕变行为得到众多研究者的重视。

为了提高定向凝固合金的高温力学及蠕变性能，在合金中加入了难熔元素 Ta、W 等，且随着 Ta、W 含量的增加，合金的力学及蠕变性能得到提高，但凝固期间元素的扩散速率降低，增加了元素的偏析程度，并可形成共晶组织，这要求必须对定向凝固合金进行复杂的热处理，以均匀合金的化学成分[103]。合金的热处理工艺包括：固溶处理和二次时效处理。由于合金中存在与应力轴平行的纵向晶界，所以必须加入微量 C、B、Hf 等晶界强化元素，且与单晶合金相比，定向凝固合金具有较低的初熔温度，因此，定向凝固合金应选用较低温度来进行固溶处理。

对合金进行两级时效处理的目的是：最大限度地促使规则的立方 γ′相自 γ 基体中析出，提高 γ′相的体积分数，以提高合金的蠕变性能及力学性能。在 1100℃进行一次时效，可使 γ′相充分析出，提高 γ′相的体积分数，且控制 γ′相的尺寸。在 870℃进行二次时效处理，其目的是释放晶粒畸变产生的内应力，稳定合金的组织结构，并提高合金中 γ′相的立方度。时效温度和时间是控制 γ′相形态的主要因素，提高固溶处理的温度，可提高元素的均匀化程度，而在随后的冷却期间，冷却速率也是调整合金中 γ′相形态的一个重要参数[104]。

据此，本章对 DZ125 合金进行固溶和时效处理，考察热处理对合金组织结构和蠕变性能的影响，并进一步对合金中 γ′相的形态演化进行理论分析。

2.2 实验方法

2.2.1 实验材料与母合金的熔炼

母合金经真空感应炉熔炼后，浇铸成为 ϕ83mm 的合金锭，经机械打磨去除表面黑皮，切割成适当尺寸，以备用于制备定向凝固合金试棒。

DZ125 合金的化学成分如表 2-1 所示。

表 2-1 DZ125 合金的化学成分（质量分数）

Cr	Co	W	Mo	Al	Ti	Ta	Hf	B	C	Ni
8.68	9.80	7.08	2.12	5.24	0.94	3.68	1.52	0.012	0.09	Bal.

2.2.2 定向凝固合金的制备

采用 ZGD-2 真空定向凝固炉进行定向凝固。首先在 1550℃ 的条件下对模壳进行预热，再将清洗后的母合金在 1600℃ 条件下置于感应熔炼坩埚中精炼 15min。将精炼后的合金升温至实验要求的过热温度后保温 5min，然后降至 1500℃ 的浇铸温度，将熔体浇铸进入预热的模壳中，稍许静置后，以 3mm/min 的抽拉速度，抽拉制备出尺寸为 ϕ16mm×140mm 的合金试棒。

2.2.3 合金的热处理

合金选用的热处理工艺如表 2-2 所示。DZ125 合金的热处理由 4 个过程组成：（1）1180℃ 保温 2h，以进行均匀化处理；（2）随炉升温至 1230℃ 进行保温 4h 的固溶处理，其目的是促使元素发生充分扩散、消除枝晶偏析和共晶组织，以提高元素在合金中的均匀程度；（3）为使立方 γ' 相具有合理的尺寸，选择在 1100℃ 保温 4h 进行一次时效处理；（4）为使 γ' 相的立方度增加，在 870℃ 保温 20h 进行二次时效处理。

表 2-2 合金传统的热处理工艺

均匀化处理	固溶处理	一次时效处理	二次时效处理
1180℃ 保温 2h	1230℃ 保温 4h，空冷	1100℃ 保温 4h，空冷	870℃ 保温 20h，空冷

2.2.4 蠕变性能测试

将经完全热处理的合金用线切割方法加工成横断面尺寸为 4.5mm×2.5mm、标距长为 20mm 的平板状工字形样品，其样品尺寸如图 2-1 所示。

蠕变试样经机械研磨和抛光后，置于 GWT504 型高温蠕变试验机中，进行持久寿命及蠕变性能测定，并绘制蠕变曲线，部分片状样品在不同的蠕变阶段终止

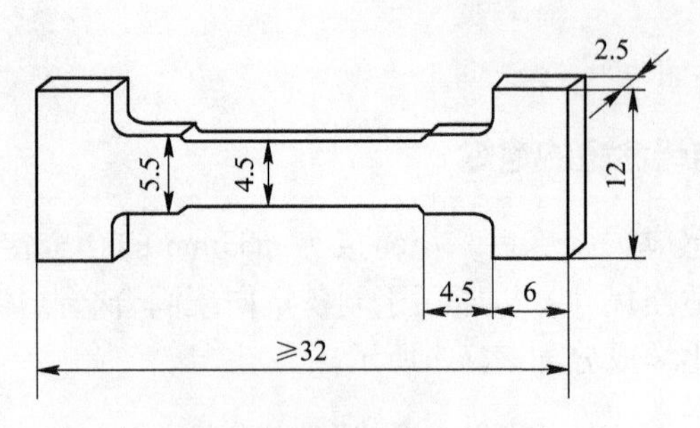

图 2-1　片状蠕变试样示意图（单位：mm）

试验，以观察合金在不同蠕变阶段的组织形貌。

根据测定的蠕变曲线建立蠕变方程，计算出合金在不同条件下稳态蠕变期间的应变速率，并根据应变速率与温度、应力之间的关系，计算出合金在各种条件下稳态蠕变期间的蠕变激活能和应力指数。

2.2.5　组织形貌观察

不同状态及经不同条件蠕变断裂后的合金，对其进行机械研磨及抛光，并进行化学腐蚀，选择的腐蚀液为：$NHO_3+HF+C_3H_8O_3$，其体积比为 1：2：3，将不同状态的合金经化学腐蚀后，采用 LEICA 光学显微镜及带有能谱的 S-3400 型扫描电子显微镜（SEM）进行组织形貌观察。

2.3　热处理对组织结构的影响

2.3.1　铸态合金的组织形貌

图 2-2 为铸态 DZ125 合金横、纵断面的枝晶形貌，图 2-2（a）为合金(001）横断面的枝晶形貌，可以看出，合金的横断面枝晶排列规则，呈现整齐的“+”字花样，其中，一次枝晶的平均间距为 155μm，在同一晶粒内枝晶具有相同的排列取向，但两个晶粒之间的枝晶存在取向差，其相邻枝晶存在约 45°的取向差，如图中标注所示。不同晶粒的枝晶生长方向不同，不同取向枝晶的相交处，即为合金的晶界，如图中长黑线标注所示。图 2-2（b）为铸态合金中枝晶的（100）纵断面形貌，图中长线段为合金中一次枝晶的生长方向，短线段为二次枝晶的生长方向，且二次枝晶与一次枝晶相互垂直，其中二次枝晶间距离为 30μm。

图 2-3 为铸态合金中的枝晶及 γ′相形貌，单一枝晶的形貌如图 2-3（a）所示，[100]、[010] 二次枝晶的生长方向，如图中标注所示。

可以看出，合金由 γ′相和 γ 相组成，枝晶干 A 区域的放大形貌示于图 2-3(b)，表明枝晶干区域 γ′相细小，并分布均匀，其尺寸约为 0. 4μm，部分 γ′相呈

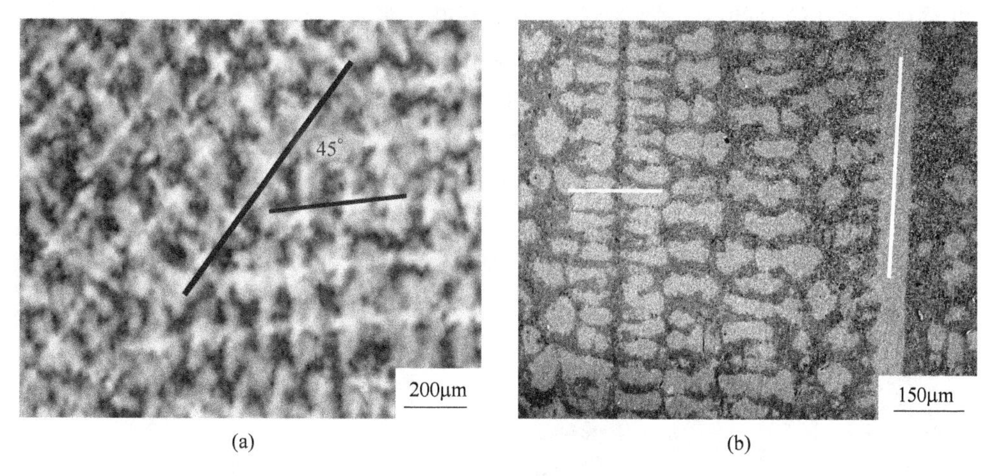

(a) (b)

图 2-2 铸态合金在不同断面的枝晶形貌

（a）（001）横断面的枝晶形貌；（b）（100）纵断面的枝晶形貌

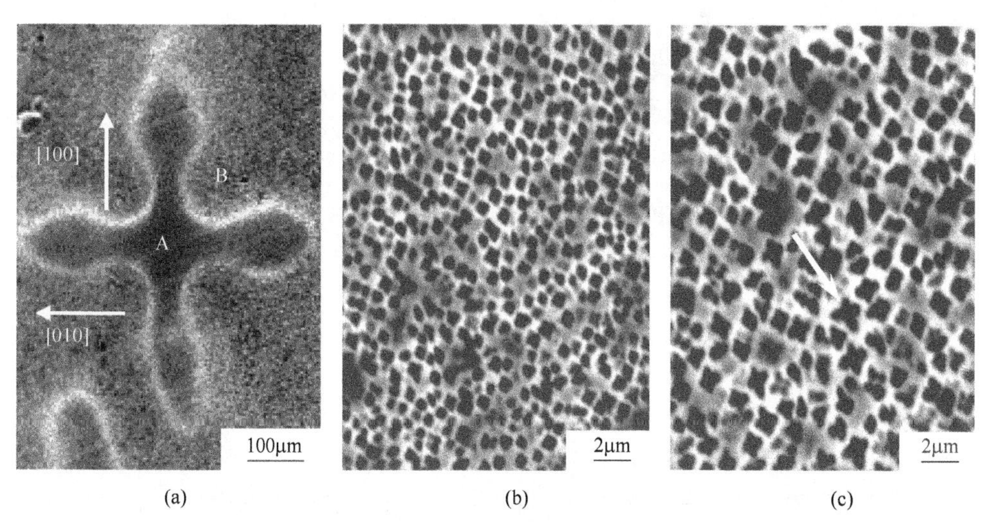

(a) (b) (c)

图 2-3 铸态合金中的枝晶及 γ′相形貌

（a）单一枝晶；（b）枝晶干 A 区域；（c）枝晶间 B 区域

蝶状分布。枝晶间 B 区域的放大形貌示于图 2-3（c），可以看出，枝晶间区域 γ′相较为粗大，形态如图中箭头所示，其边缘尺寸为 1～1.2μm。分析认为，熔体在凝固期间，枝晶干优先凝固，高熔点元素 W、Mo、Cr 分布于枝晶干区域。随温度降低，细小 γ′相自基体中析出，随凝固进行，Al、Ta 等溶质元素偏聚于枝晶间区域，γ′相在枝晶干/间区域具有不同的形态，归因于各自的凝固条件不同所致。其中，枝晶间区域 γ′相形成元素的过饱和度较大，是促使 γ′相进一步长大的条件，这导致了枝晶干/枝晶间 γ′相尺寸及形貌具有明显差别。在凝固后期，低熔点元素在枝晶间区域瞬间结晶，可形成共晶组织。

铸态合金中的共晶组织形貌如图 2-4（a）所示。由图可以看出，共晶组织的周围为凝固过程中在枝晶间优先析出的 γ'/γ（Interdendrite）两相组织，如图 2-4（a）中 A 区所示，条状和细网状组织分别为初生 γ'相和 $\gamma'+\gamma$ 两相共晶组织，如图中 B、C 区所示。其中 B、C 区域被称为共晶组织，但二者形貌差别较大，这是由于二者在凝固期间的析出顺序不同，条形粗大 B 区域的 γ'相为早期形成的共晶组织，元素扩散充分，而细网状结构的 C 区为后期形成的共晶组织，元素扩散距离较小。

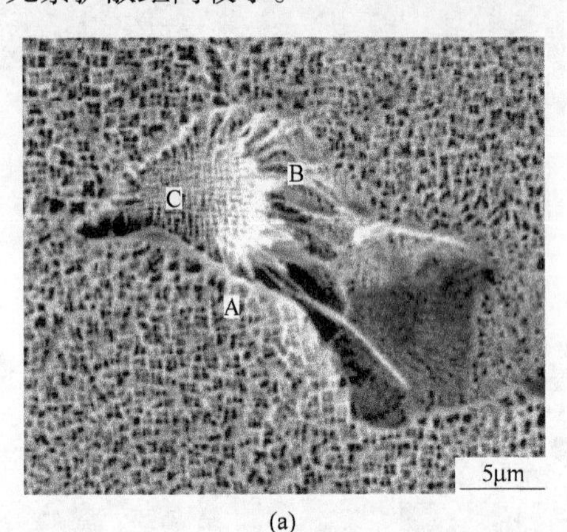

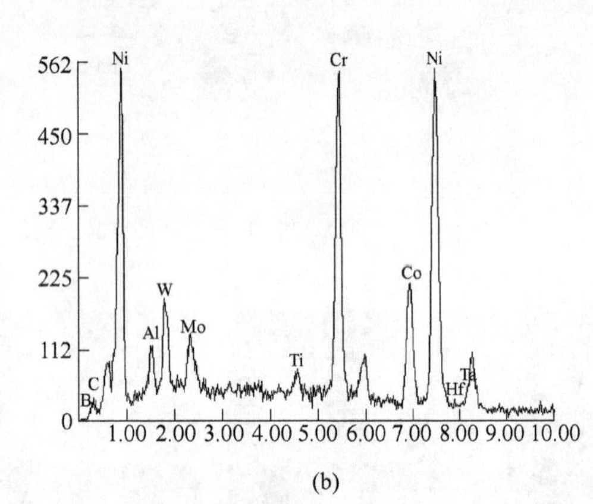

(a)　　　　(b)

图 2-4　铸态合金的共晶组织及 SEM/EDS 成分分析

（a）共晶组织形貌；（b）成分分析

对铸态合金中的共晶组织进行 SEM/EDS 微区成分分析，其结果如图 2-4（b）所示，共晶组织的化学成分（质量分数）为：B 5.62%、C 1.31%、Al 0.84%、W 5.23%、Mo 2.5%、Cr 15%、Co 12.38%、Ta 7.94%、Ni 44%，表明该共晶组织中富含元素 B、Cr、W、Ta 和 Co。

图 2-5 为铸态合金中碳化物的形貌，可以看出，合金中的碳化物形貌呈现条状形态。经 SEM/EDS 分析表明，该相富含元素 W、Ta、Hf 和 C，图 2-6 为该合金的 XRD 曲线及分析结果，表明合金的组织结构由 γ'、γ 相和少量的（W，Ta，Hf）C 相组成。

2.3.2　热处理态合金的组织形貌

经完全热处理后，DZ125 合金的组织形貌如图 2-7 所示，可以看到，尽管合金经完全热处理，但其枝晶形貌仍然清晰可见，图中长线段表示合金中一次枝晶及一次枝晶的生长方向，短线段表示二次枝晶及二次枝晶的生长方向，一次枝晶和二次枝晶相互垂直，如图 2-7（a）所示。其枝晶的局部放大形貌如图 2-7（b）

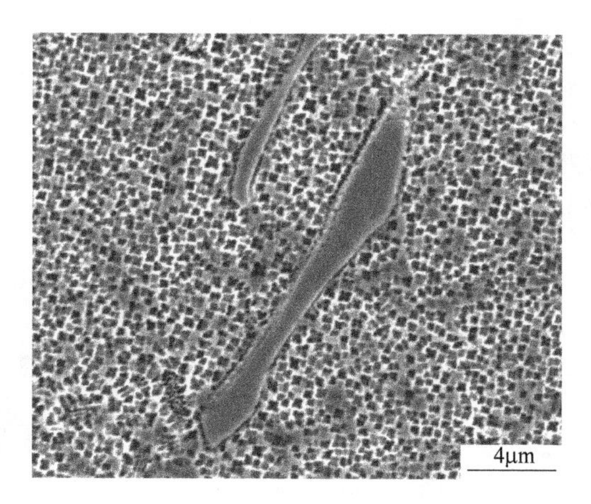

图 2-5 铸态合金中的碳化物

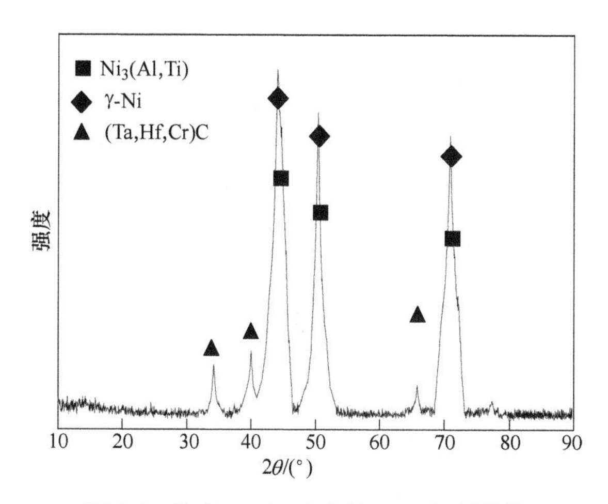

图 2-6 铸态 DZ125 合金的 XRD 衍射谱线

所示，表明枝晶干区域的 γ′相较为细小，在两枝晶干之间的枝晶间区域，γ′相较为粗大。由于两相邻枝晶之间存在取向差，故晶界位于枝晶间区域，如图中白色箭头所示。其中，碳化物仍然以块状形态存在于近晶界区域，如图中长黑箭头所示，尽管热处理后，合金中已消除了大部分的共晶组织，但仍有少量的共晶组织存在于枝晶间区域，如图中短黑箭头所示。

图 2-7（b）中白色方框区域的放大形貌如图 2-8 所示，可以看出，与图 2-4 相比，共晶组织已经由放射状转化为筛网状，结构更为简单，其中，γ′相具有较大的尺寸。合金经完全热处理后，并没有完全消除共晶组织，其原因归因于固溶温度较低，元素扩散不充分，在固溶过程中，铸态合金的共晶组织不能全部溶入 γ 基体中。

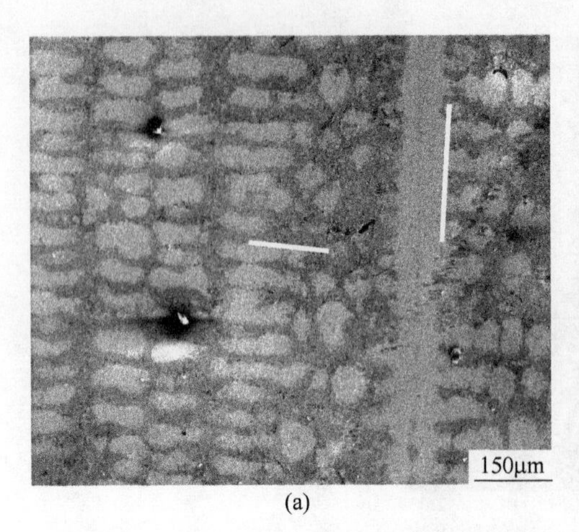

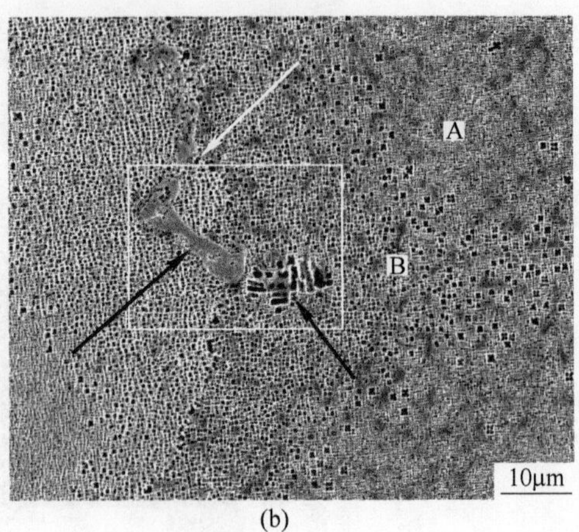

图 2-7　合金经传统工艺热处理后的组织形貌

（a）枝晶形貌；（b）枝晶的局部放大形貌

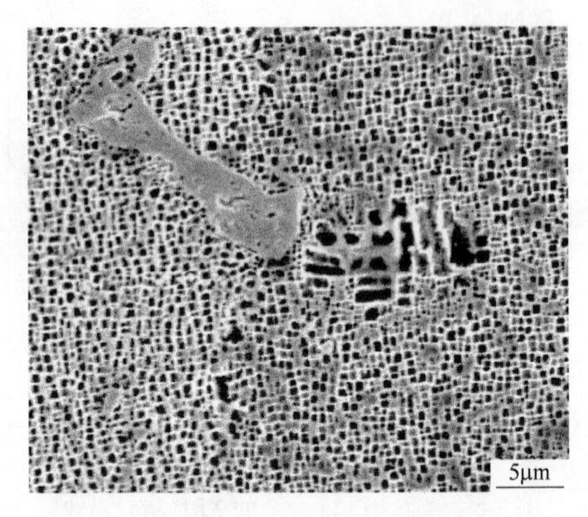

图 2-8　合金中的共晶组织

经完全热处理后，在合金枝晶干/间区域 γ′相的高倍形貌示于图 2-9，其中，在枝晶干区域 γ′、γ 两相共存的组织形貌如图 2-9（a）所示，可以看出，此枝晶干区域 γ′相为立方体形态，其边缘尺寸约为 0.4μm，两相界面无界面位错，表明合金的组织结构是立方 γ′相以共格方式嵌入 γ 基体相中。其枝晶间区域 γ′、γ 两相共存的组织形貌如图 2-9（b）所示，可以看出，该区域中 γ′相呈现类球状形态，尺寸较大，约为 1μm，与枝晶干区域相比，基体通道的宽度明显增加，为 0.2~0.3μm，并在两相界面存在位错网，如图中箭头标注所示，表明该区域 γ′、γ 两相处于半共格状态。

为了了解热处理不同阶段 γ′相的形态演化特征，将合金分别进行不同条件的热处理，其热处理不同阶段合金中枝晶干区域的组织形貌如图 2-10 所示。其中，

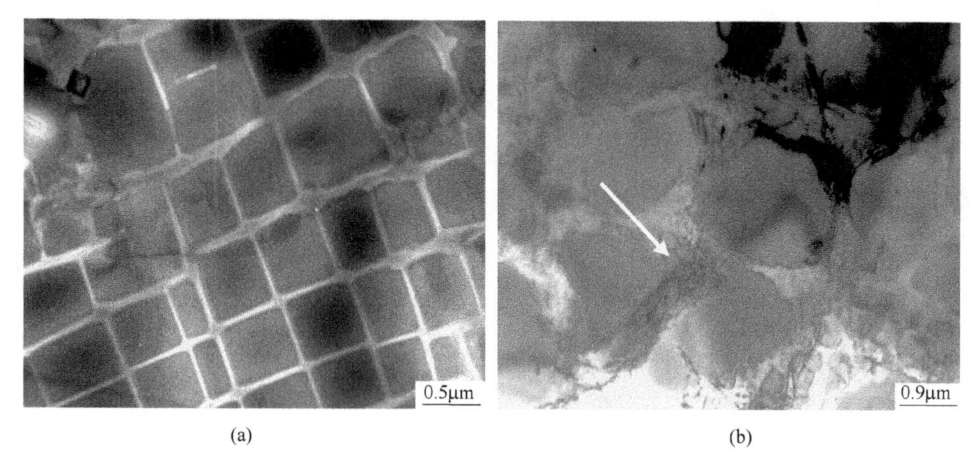

图 2-9 合金完全热处理后在枝晶干/间区域的组织形貌
（a）枝晶干区域；（b）枝晶间区域

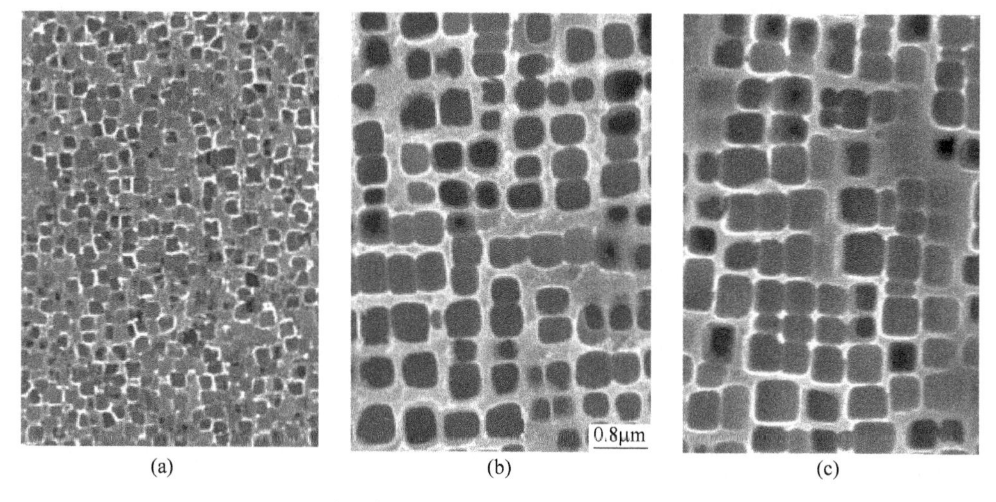

图 2-10 合金热处理不同阶段枝晶干区域的组织形貌
（a）1230℃固溶处理；（b）一次时效；（c）完全热处理

经 1180℃保温 2h 进行均匀化处理，之后，随炉升温至 1230℃保温 4h，进行固溶处理后，迅速空冷至室温，使 γ′相自 γ 基体中析出，如图 2-10（a）所示。此时，类菱形的细小 γ′相尺寸约为 0.1μm，且均匀分布于合金的 γ 基体中。经 1100℃保温 4h，空冷，进行一次时效处理后的组织形貌如图 2-10（b）所示，γ′相转变成立方体形态，尺寸增加到约 0.4μm。合金经 870℃保温 20h，进行二次时效处理后，γ′相的尺寸基本不变，但立方度增加，排列更加规则，如图 2-10（c）所示。

图 2-7（b）中枝晶干 A 区域的放大形貌示于图 2-11（a），可以看出，合金

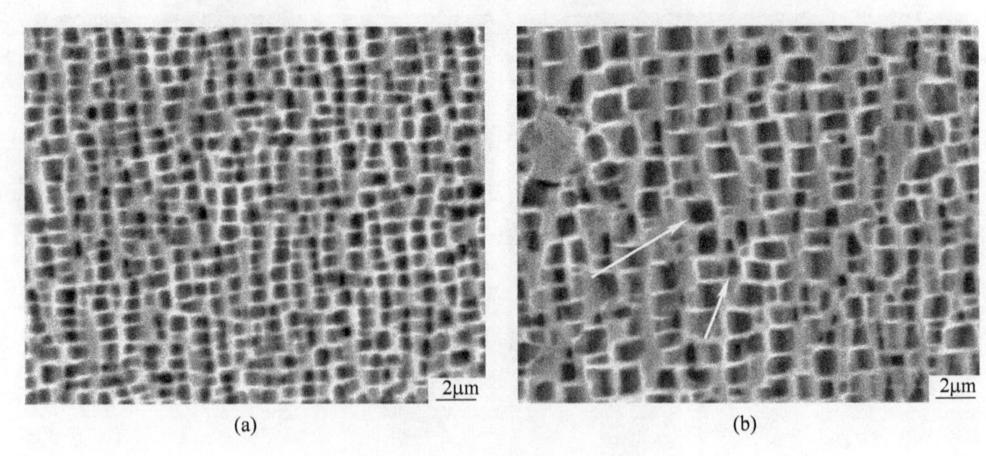

(a)　　(b)

图 2-11　完全热处理后的组织形貌
(a) 枝晶干区域；(b) 枝晶间区域

中的立方 γ′相尺寸约为 0.4μm，并以共格方式嵌镶在 γ 基体中，且均匀分布在枝晶干区域；而在枝晶间 B 区域的立方 γ′相较为粗大，其边缘尺寸为 1~1.2μm，如图 2-11（b）所示，且立方 γ′相的形态与尺寸并非均匀，较小尺寸的立方 γ′相约为 0.7μm，如图中短箭头所示，较大尺寸的立方 γ′相约为 1.5μm，如图中长箭头所示。表明合金经完全热处理后，并没有消除在枝晶干/间区域存在的组织不均匀性。

2.3.3　热处理不同阶段对成分偏析的影响

定向凝固合金在凝固过程中枝晶生长完整，元素并不均匀地分布在枝晶间及枝晶干区域，由于 Ta、W 等难熔元素在合金中所占比例较高，在定向凝固过程中，枝晶间/臂区域存在着明显的元素偏析。因此，选择合适工艺进行热处理十分必要。

合金在不同热处理步骤状态下，枝晶干/间区域的 SEM/EDS 成分分析结果示于表 2-3~表 2-7 所示，其中的数据为 3 次测量的平均值。

表 2-3　铸态合金中的元素分布（质量分数）及偏析系数　　（%）

状态	区域	Al	Hf	Ta	W	Ti	Cr	Co
铸态	枝晶干	3.91	1.28	3.14	9.06	1.03	9.56	10.42
	枝晶间	5.50	1.73	4.11	6.21	0.83	6.30	8.26
	偏析系数 K	40.66	35.16	30.89	-31.46	-19.42	-34.10	-20.73

表 2-3 为铸态合金各元素的分布及偏析系数，可以看出，铸态合金枝晶干/间区域各元素均存在有较大程度的偏析，其中，元素 W、Ti、Cr、Co 为负偏析

元素，富集在枝晶干，元素 Al、Hf、Ta 为正偏析元素，富集于枝晶间区域。元素 Cr 是最强的负偏析元素，偏析系数达 34.1%，其次是 W 元素，偏析系数达 31.4%。正偏析元素中元素 Al 的偏析系数达到 40.6%，Hf 元素次之为 35.1%。其偏析系数由下式计算：

$$K = \frac{C_2 - C_1}{C_1} \times 100\% \tag{2-1}$$

式中，K 为偏析系数；C_1为元素在枝晶干区域的浓度；C_2为元素在枝晶间区域的浓度。

表 2-4 均匀化热处理后合金中的元素分布（质量分数）及偏析系数 （%）

状态	区域	Al	Hf	Ta	W	Ti	Cr	Co
均匀化处理	枝晶干	3.95	1.30	3.16	9.01	1.02	9.50	10.40
	枝晶间	5.48	1.73	4.08	6.23	0.84	6.33	8.30
	偏析系数 K	38.73	33.08	29.11	-30.85	-17.65	-33.37	-20.19

表 2-5 固溶处理后合金中的元素分布（质量分数）及偏析系数 （%）

状态	区域	Al	Hf	Ta	W	Ti	Cr	Co
固溶处理	枝晶干	4.28	1.39	3.26	8.18	0.97	8.97	9.95
	枝晶间	5.40	1.72	3.94	6.64	0.84	6.88	8.86
	偏析系数 K	26.17	23.74	20.86	-18.83	-13.40	-23.30	-10.95

表 2-6 一次时效处理后合金中的元素分布（质量分数）及偏析系数 （%）

状态	区域	Al	Hf	Ta	W	Ti	Cr	Co
一次时效	枝晶干	4.30	1.41	3.27	8.17	0.98	8.95	9.92
	枝晶间	5.43	1.71	3.91	6.65	0.85	6.90	8.87
	偏析系数 K	26.28	21.28	19.57	-18.60	-13.27	-22.90	-11.84

表 2-7 二次时效处理后合金中的元素分布（质量分数）及偏析系数 （%）

状态	区域	Al	Hf	Ta	W	Ti	Cr	Co
二次时效	枝晶干	4.34	1.43	3.29	8.14	0.97	8.95	9.91
	枝晶间	5.43	1.70	3.91	6.65	0.87	6.92	8.55
	偏析系数 K	25.11	18.89	18.84	-18.83	-10.32	-22.71	-13.72

表 2-3～表 2-7 分别为均匀化热处理后、固溶处理后、一次时效处理后、二次时效处理后合金中的元素分布及偏析系数，可以看出，合金经过一系列的热处理过程之后元素的均匀化程度不断提高。合金中元素 Cr、W 的偏析系数由铸态的

34.1%和31.4%经过均匀化热处理后降低到33.37%和30.85%；经过固溶处理后降低到23.30%和18.83%；经过一次时效处理后降低到18.60%和22.90%；经过二次时效处理后降低到20.11%和18.83%。可以看出在热处理过程中固溶处理对促进合金组织均匀性效果最明显。

2.4 合金的蠕变行为

2.4.1 中温蠕变行为

合金经传统工艺热处理后，在中温高应力条件下测定的蠕变曲线如图2-12所示。其中，在760℃施加不同应力，测定出合金的蠕变曲线如图2-12（a）所示，可以看出，施加应力的大小决定了合金稳态蠕变期间的应变速率和蠕变寿命，随着施加应力的增大，合金在稳态蠕变期间的应变速率提高，而合金的蠕变寿命减小。当施加应力为700MPa时，合金在稳态蠕变期间的应变速率为0.026%/h，蠕变寿命为218h；将应力提高至720MPa，合金在稳态蠕变期间的应变速率提高到0.033%/h，蠕变寿命降低到150h；随施加应力进一步提高到740MPa，合金在稳态蠕变期间的应变速率提高到0.046%/h，蠕变寿命进一步降低到105h。

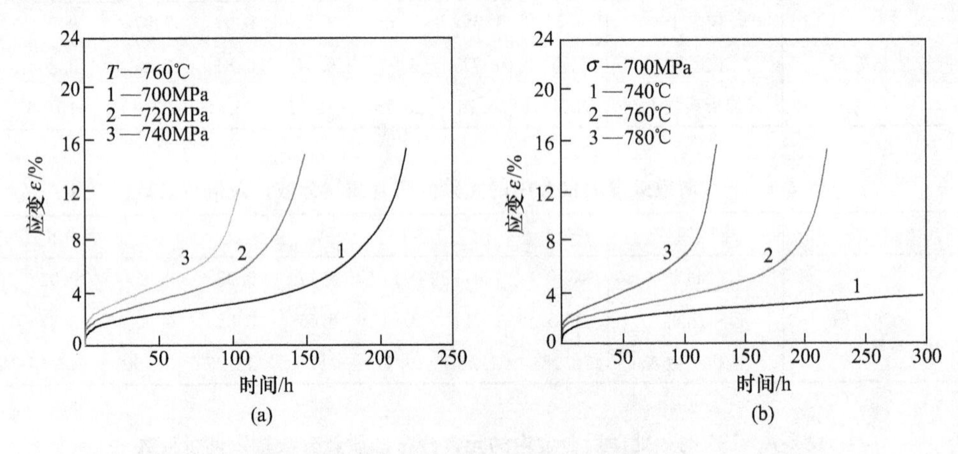

图2-12 合金在低温/高应力条件下的蠕变曲线

（a）在760℃下施加不同应力；（b）在700MPa下施加不同温度

在700MPa恒定应力条件下，分别测定出合金在不同温度时的蠕变曲线，如图2-12（b）所示。当温度为740℃时，测得合金在稳态蠕变期间应变速率为0.008%/h，蠕变400h，合金仍然处于稳态蠕变阶段；将蠕变温度提高到760℃时，合金在稳态蠕变期间的应变速率提高到0.026%/h，蠕变寿命降低到218h；进一步将蠕变温度提高到780℃，测定出合金在稳态蠕变期间的应变速率为

0.044%/h，蠕变寿命降低到127.6h。结果表明，在恒定应力条件下，随温度提高合金在稳态蠕变期间的应变速率提高，而蠕变寿命继续降低。

合金在840℃施加不同应力测定的蠕变曲线示于图2-13（a）。可以看出，合金的蠕变分为3个阶段，即初期阶段、稳态阶段和加速阶段。合金在施加应力为450MPa、500MPa、550MPa时稳态蠕变期间的应变速率分别为0.0122%/h、0.0217%/h和0.0465%/h，蠕变寿命分别为320h、237h和88h。其中，合金在840℃蠕变期间，施加应力由500MPa提高到550MPa，合金的蠕变寿命由237h降低到88h，降低幅度达63%，表明当施加应力大于500MPa时，合金表现出明显的施加应力敏感性。

当施加应力为450MPa时，分别在840℃、850℃、860℃测定出合金的蠕变曲线，如图2-13（b）所示，在840℃、850℃、860℃稳态蠕变期间的应变速率分别为0.0122%/h、0.0198%/h和0.0266%/h，蠕变寿命分别为320h、238h和122h。当蠕变温度由850℃提高到860℃时，蠕变寿命由238h降低到122h，降低幅度达49%，表明当温度高于850℃时，合金表现出明显的施加温度敏感性。

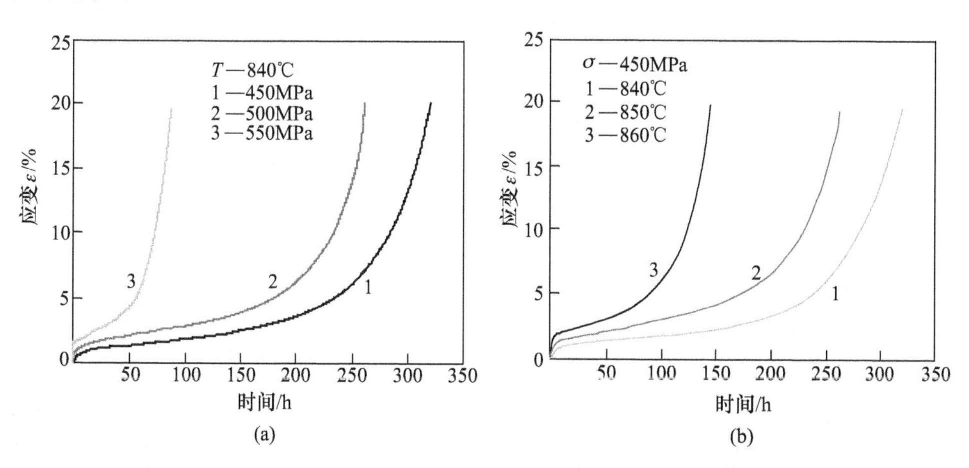

图2-13 合金在中温/高应力条件下的蠕变曲线

（a）在840℃施加不同应力；（b）在450MPa下施加不同温度

2.4.2 合金的高温蠕变行为

在980℃分别施加应力为180MPa、200MPa和220MPa，测定出合金的蠕变曲线，如图2-14（a）所示。在180MPa、200MPa和220MPa条件下，在稳态蠕变期间的应变速率分别为0.0175%/h、0.0227%/h和0.0334%/h，蠕变寿命分别为161h、106.6h和50h。表明随着施加应力提高，合金在稳态蠕变期间的应变速率增大，蠕变寿命降低。

在施加应力为200MPa时，分别在970℃、980℃、990℃测出合金的蠕变曲线，如图2-14（b）所示，其中，在970℃、980℃、990℃稳态蠕变期间的应变速率分别为0.0177%/h、0.0227%/h和0.0306%/h，蠕变寿命分别为200h、106.6h和63h。从图2-14（b）可以看到，当温度从970℃提高到980℃时，合金在稳态蠕变期间的应变速率从0.0177%/h提高到0.0227%/h，蠕变寿命从200h降低到106.6h，蠕变寿命降低达50%。结果表明，当温度大于980℃时，合金表现出明显的施加温度敏感性。

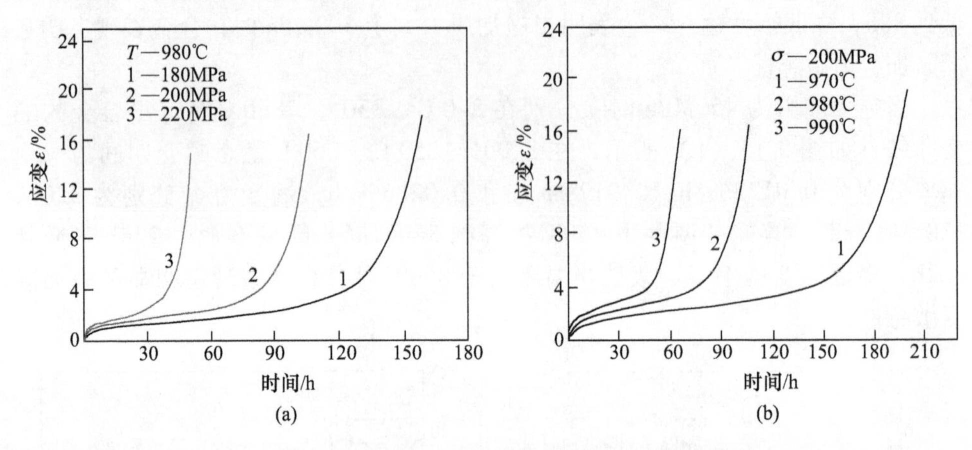

图2-14 合金在近980℃不同条件下测定的蠕变曲线

（a）在980℃施加不同应力；（b）在200MPa下施加不同温度

在1040℃分别施加127MPa、137MPa、147MPa条件下，测定出合金的蠕变曲线示于图2-15（a）。其中，在127MPa测定出合金稳态蠕变期间的应变速率为0.0183%/h，蠕变寿命为103h；随施加应力提高到137MPa，稳态蠕变期间的应变速率提高到0.0238%/h，合金的蠕变寿命降低到90h；随施加应力进一步提高到147MPa，合金在稳态蠕变期间的应变速率提高到0.0313%/h，蠕变寿命进一步降低到49.5h。结果表明，随施加应力提高，合金在稳态蠕变期间的应变速率增大，蠕变寿命迅速降低。其中，当施加应力由137MPa提高到147MPa时，蠕变寿命由90h降低到49h，降低幅度达到46%，表明当施加应力大于137MPa时，合金呈现出明显的施加应力敏感性。

分别在1030℃、1040℃、1050℃施加127MPa测定出合金的蠕变曲线，如图2-15（b）所示。在1030℃，测定出合金在稳态蠕变期间的应变速率为0.0145%/h，蠕变寿命为186h；随着温度提高到1040℃，合金在稳态蠕变期间的应变速率提高到0.01833%/h，蠕变寿命降低到103h；随蠕变温度进一步提高到1050℃，合金在稳态蠕变期间的应变速率为0.02334%/h，蠕变寿命降低到61h。

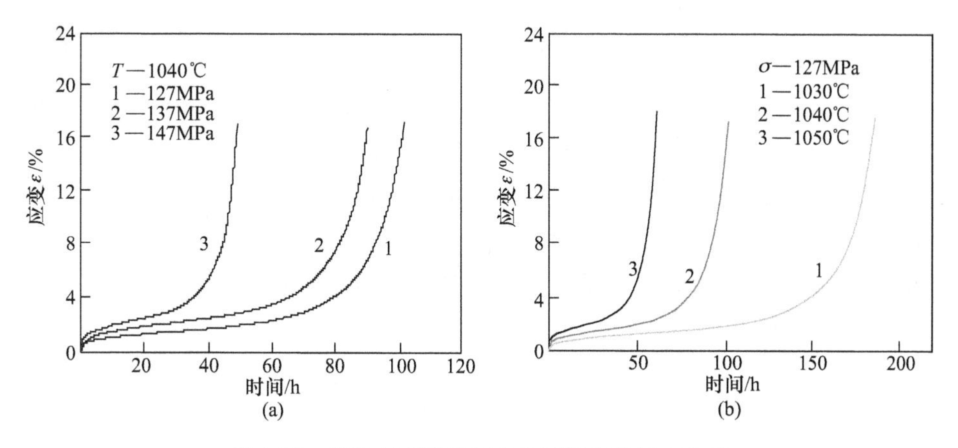

图 2-15　在近 1040℃不同条件下测定的蠕变曲线
（a）在 1040℃施加不同应力；（b）在不同温度下施加 127MPa 应力

2.4.3　蠕变方程和相关参数

在高温施加载荷的瞬间，促使合金中大量位错在基体中滑移，随合金的应变增大，合金中的位错密度增大，形变硬化作用使位错运动的阻力增大，致使合金的应变速率降低，直至蠕变进入稳态阶段。此时，合金在稳态蠕变期间的应变速率服从 Dorn 定律：

$$\dot{\varepsilon}_{ss} = A\sigma_A^n \exp\left(-\frac{Q_a}{RT}\right) \tag{2-2}$$

式中，$\dot{\varepsilon}_{ss}$ 为稳态蠕变速率；A 为与材料组织有关的常数；σ_A为外加应力；n 为表观应力指数；R 为气体常数；T 为绝对温度；Q_a为表观蠕变激活能。

在恒温条件下，式（2-2）可简化为：

$$\ln\dot{\varepsilon}_{ss} = n\ln\sigma_A + C \tag{2-3}$$

式中，C 为常数。根据式（2-3），推导出应力指数与施加应力的关系式为：

$$n = \frac{\ln\dot{\varepsilon}_{ss1} - \ln\dot{\varepsilon}_{ss2}}{\ln\sigma_1 - \ln\sigma_2} \tag{2-4}$$

恒应力条件下，式（2-2）可简化为：

$$Q_a = -R\left(\frac{\partial\ln\dot{\varepsilon}_{ss}}{\partial T}\right) \tag{2-5}$$

或

$$\ln\dot{\varepsilon} = \frac{Q_a}{RT} + C \tag{2-6}$$

基于以上各式，可推导出蠕变激活能与施加温度的关系式为：

$$Q_a = \frac{RT_1T_2}{T_1 - T_2}\ln\frac{\dot{\varepsilon}_{ss1}}{\dot{\varepsilon}_{ss2}} \tag{2-7}$$

测定出合金在不同条件下稳态蠕变期间的应变速率，绘出 DZ125 合金的应变速率与应力、施加温度之间的关系，示于图 2-16，其中，在近 760℃温度区间应变速率与温度倒数之间的关系示于图 2-16（a），应变速率与施加应力之间的关系示于图 2-16（b）。由此计算出该合金在 740~780℃和 700~740MPa 范围内，稳态蠕变期间的表观蠕变激活能为 Q=423.439kJ/mol，应力指数为 n=12.7。

在近 850℃温度区间，测定出合金稳态蠕变期间的应变速率与施加温度、应力之间的关系，如图 2-16（c）、（d）所示，其中，应变速率与温度倒数之间的关系示于图 2-16（c），应变速率与施加应力之间的关系示于图 2-16（d）。由此

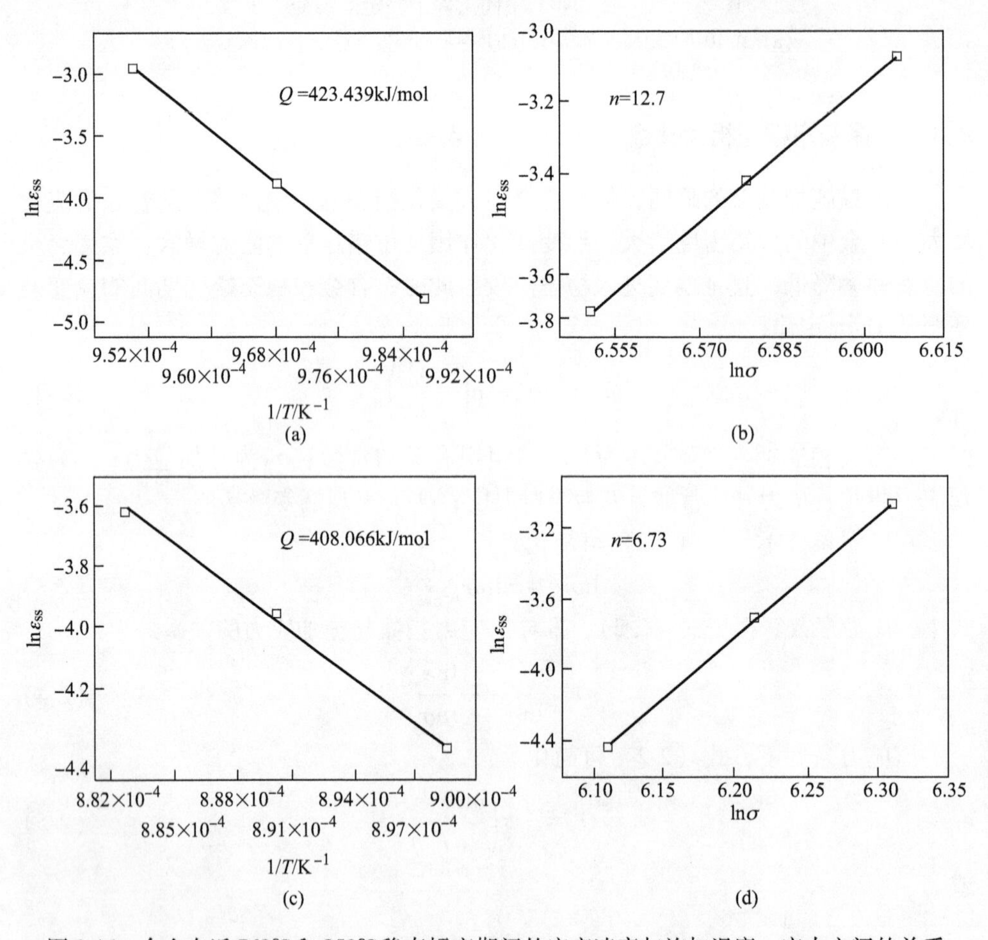

图 2-16　合金在近 760℃和 850℃稳态蠕变期间的应变速率与施加温度、应力之间的关系
（a）在近 760℃温度区间应变速率与温度的关系；（b）在近 760℃温度区间应变速率与施加应力的关系；
（c）在近 850℃温度区间应变速率与温度的关系；（d）在近 850℃温度区间应变速率与施加应力的关系

计算出合金在 840~860℃和 450~550MPa 范围内，稳态蠕变期间的表观蠕变激活能为 $Q=408.066$kJ/mol，应力指数为 $n=6.73$。根据计算的应力指数推断出：在 740~860℃温度范围内，合金在稳态蠕变期间的变形机制为位错在 γ 基体中滑移和剪切进入 γ′相。

在 970~1050℃范围内，测定出合金在稳态蠕变期间的应变速率与施加温度、应力之间的关系，示于图 2-17，其中，在近 980℃温度区间应变速率与温度倒数之间的关系示于图 2-17（a），应变速率与施加应力之间的关系示于图 2-17（b）。由此计算出合金在 970~990℃和 180~220MPa 范围内稳态蠕变期间的表观蠕变激活能为 $Q=355.4$kJ/mol，应力指数为 $n=4.32$。在近 1040℃温度区间应变速率与

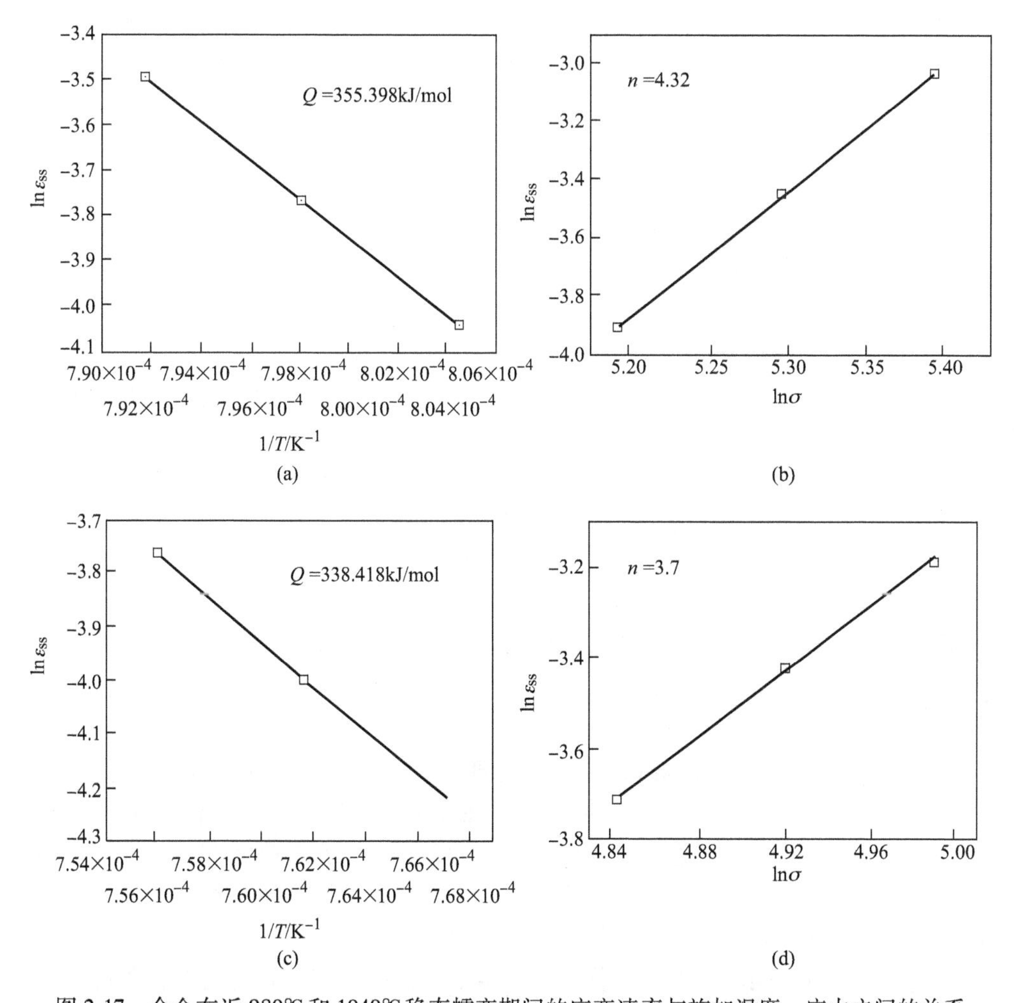

图 2-17 合金在近 980℃和 1040℃稳态蠕变期间的应变速率与施加温度、应力之间的关系
（a）在近 980℃温度区间应变速率与温度的关系；（b）在近 980℃温度区间应变速率与施加应力的关系；（c）在近 1040℃温度区间应变速率与温度的关系；（d）在近 1040℃温度区间应变速率与施加应力的关系

温度倒数之间的关系示于图 2-17（c），其中，应变速率与施加应力之间的关系示于图 2-17（d）。由此计算出合金在 1030～1050℃和 127～147MPa 范围内稳态蠕变期间的表观蠕变激活能为 $Q=338.418$kJ/mol，应力指数为 $n=3.7$。根据计算的应力指数推断出：在 970～1050℃温度范围内，合金在稳态蠕变期间的变形机制是位错在基体中滑移和攀移越过 γ′相。

2.5 讨论

2.5.1 凝固期间 γ′相的形态演化与分析

由图 2-3 可以看出，铸态合金的不同区域 γ′相具有不同的形态和尺寸，枝晶干分布着细小且规则排列的 γ′相，枝晶间分布着形态不规则的粗大 γ′相。对其形成原因分析认为，合金熔体在凝固期间，枝晶干区域先于枝晶间区域凝固，由于成分偏析，高熔点溶质元素在枝晶干区域富集而优先凝固，且合金熔体凝固后均为 γ 基体相。随凝固进行，Ti、Cr 和 Ta 等原子被排斥进入到固-液前沿的液相中，使得液相中的 Al、Ti、Cr、Ta 元素浓度不断增加，因此，在后期凝固的枝晶间区域，低熔点元素 Al、Ti、Cr 等含量较高，当元素组成达共晶成分时，熔体瞬间凝固，形成共晶组织。其中，Al、Ti、Ta 均为 γ′相形成元素，随着温度的降低，γ′相自 γ 基体中析出。由于枝晶干区域 Al、Ti、Ta 溶质含量较低，且优先凝固，故析出 γ′相尺寸较为细小，而在枝晶间区域 Al、Ti、Ta 溶质元素含量较高，且 γ′相析出后可迅速长大。因此，与枝晶干区域相比，在枝晶间区域的 γ′相尺寸较为粗大，并在枝晶间存在共晶组织。

铸态合金枝晶间区域的 γ′相多数为蝶形形态的原因归结为：当 γ′相自枝晶间区域的基体析出时，在 γ′/γ 两相之间的不同区域产生不同的内应力，该不均匀的内应力对 γ′相的析出及长大形态有重要影响。立方 γ′相外侧顶点区域的内应力较小，且单一 γ′相可向内应力较小的区域优先长大，呈现菱形形状，当四个相邻细小 γ′相择优生长后，可使 γ′相形成蝶形组合的形态，如图 2-3（c）所示。

2.5.2 γ′相的形态演化与分析

铸态合金经 1180℃保温 4h 均匀化处理，且随炉升温至 1230℃进行固溶处理，可使合金中的 γ′相完全溶入 γ 基体。在随后的空冷期间，可使细小 γ′相粒子自 γ 基体中析出。固溶态合金在经两级时效处理后，在枝晶间和枝晶干区域的 γ′相可长大成规则的立方体形貌，且 γ′、γ 两相具有共格界面，在共格界面应力作用下，γ′相可长大成立方体形貌的理论分析如下。

由于在时效期间不受外力的作用，合金中 γ′相生长形态仅受晶格错配应力的作用。对于负错配度合金而言，近 γ/γ′两相界面的 γ 基体和 γ′相分别承受压应力和拉应力，γ′相承受的错配应力从边缘至中心逐渐增加，相应的弹性应变能增大，因此，对于γ′相而言具有较高的晶格错配应力梯度。由于γ′相的杨氏模量在<100>取向较低，沿此方向的弹性应变梯度较大，因此，γ′相沿<100>方向的弹性应变能较高。根据有限元方法计算出合金中γ和γ′两相的Mises应力分布，如图2-18所示，可以看出，应力分布具有对称特征，γ基体的Mises应力大于γ′相，且γ′和γ′两相的晶格错配应力也有类似的分布特征。

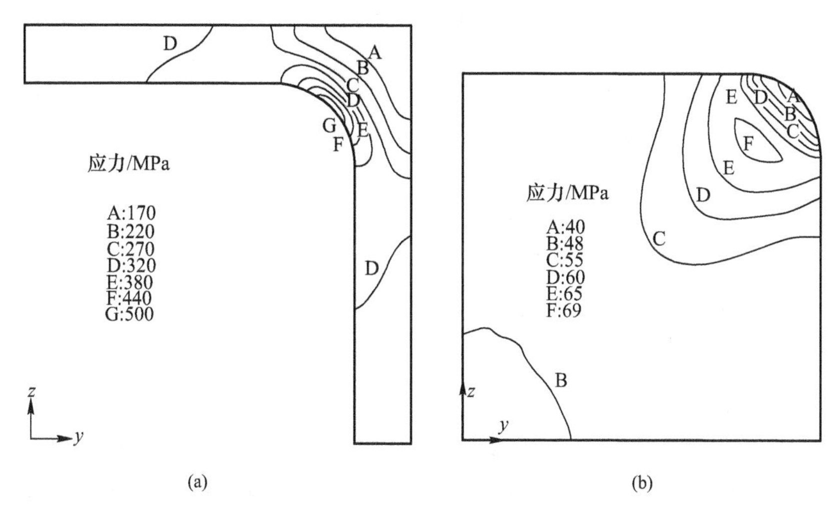

图2-18　无外加应力时广义平面应变条件下的Mises应力分布示意图
（a）γ相的Mises应力分布；（b）γ′相的Mises应力分布

分析认为：为使基体γ相的应力梯度降低，γ′相将沿着Mises应力减小的方向长大。合金在时效期间，弹性应力梯度可以为元素的扩散提供驱动力，促使较大半径的Al、Ta等原子，定向扩散到γ′相的凹穴区域，可使γ′相的立方度增加，应变能降低。同时，弹性应变能限制了γ′相沿垂直于界面的方向生长，以致在共格界面、较高弹性应变能和较小界面能的共同作用下，促使γ′相优先按“台阶机制”沿<100>方向、台阶的侧面扩散生长，如图2-19所示。

合金一次时效的目的是使γ′相在界面能和应变能的共同作用下，按“台阶机制”长大，并使γ/γ′两相仍保持共格界面。经一次时效后，合金中γ′相呈现凹凸特征的立方形态，其立方度欠佳。在二次时效期间，在共格界面应变能的作用下，γ′相继续按“台阶机制”生长，可进一步调整γ′相的尺寸及完善γ′相的形貌，增加立方度。

2.5.3　共晶组织的形成与影响因素

在定向凝固条件下，合金中枝晶可以沿<001>取向择优生长，W、Mo等高熔点元素主要富集在枝晶干区域，而Ta、Ti、Al等元素主要富集在枝晶间区域。合金在凝固后期，枝晶干优先凝固完毕，并相互闭合，枝晶间形成独立的空间，

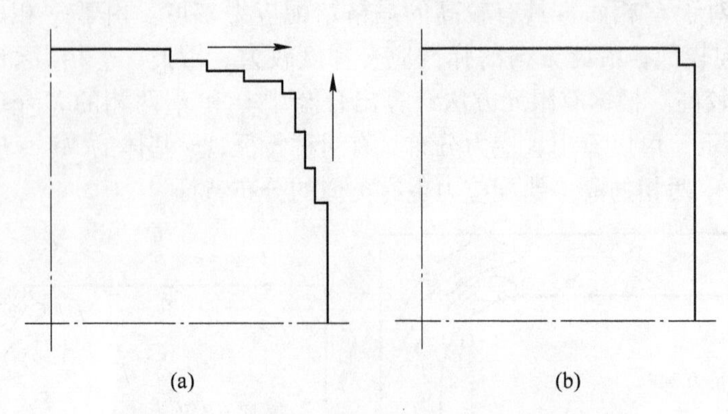

图 2-19　γ′相按“台阶机制”生长的示意图
（a）γ′相沿箭头方向长大；（b）γ′相长大后形态示意图

其内的液体不能相互联通。随着凝固时间的延长，温度降低，枝晶间内的液体相续凝固，当枝晶间的成分达到共晶成分时，会发生共晶反应，形成 γ′/γ 两相共晶组织。由于定向凝固合金中存在与应力轴平行的晶界，所以需要加入 C、B、Hf 等晶界强化元素。这些元素都是 MC 碳化物形成元素，也可促进共晶组织的形成，由于 MC 碳化物在凝固早期形成，而共晶组织是在凝固后期形成，碳化物在形成过程中吸收了大量的 Ta、Ti 原子，由此可抑制合金中共晶组织的形成。所以合金中共晶组织的含量随着 C 元素的增加而减少。

合金固溶处理的目的就是促进元素的充分扩散，并使合金中粗大的 γ′相和低熔点共晶组织完全溶解。根据 Arrhenius 公式[105]：

$$D = D_0 \exp(-Q/RT) \tag{2-8}$$

式中，D 为扩散系数；D_0 为扩散常数；R 为气体常数；Q 为激活能；T 为绝对温度。

可以看出，元素的扩散系数受固溶温度和固溶时间的影响较大，随固溶温度提高，固溶时间越长，元素的扩散充分，从而使元素的偏析程度降低，同时也降低了共晶组织中溶质元素的含量，可消除共晶组织。

研究表明，在蠕变期间共晶是蠕变强度的薄弱相，也是裂纹萌生和扩展的发源地。在中温/高应力蠕变期间，位错主要在基体中滑移，当位错运动至近共晶组织区域时，容易产生位错塞积。随着蠕变的进行，合金的变形量加大，塞积的位错可引起应力集中，所以在共晶界面处容易发生裂纹的萌生。在高温/低应力稳态蠕变期间，合金的变形机制主要是位错攀移，另外，由于共晶组织形成于凝固后期，合金中杂质和低熔点溶质可富集在共晶组织中，故共晶组织成为蠕变过程中的薄弱环节。

2.6 本章小结

（1）铸态合金的枝晶间区域存在较多的共晶组织，经传统工艺热处理，合金中仍存在少量共晶组织，且共晶组织由放射状转变为筛网状；其中，枝晶干区域的立方 γ'相及筏状 γ'相尺寸细小，而枝晶间区域的立方 γ'相及筏状 γ'相尺寸粗大；并有大尺寸块状碳化物存在于合金中。

（2）合金在不同条件下具有良好的蠕变性能，在 740~860℃温度区间，合金在稳态蠕变期间的表观蠕变激活能为 Q=423.44~408.076kJ/mol；在 970~1050℃温度区间，合金在稳态蠕变期间的表观蠕变激活能为 Q=355.4~338.42kJ/mol。

3 蠕变期间的组织演化与元素扩散速率

3.1 引言

定向凝固镍基合金的组织结构是立方 γ′相以共格方式镶嵌在 γ 基体中，其中，在拉/压蠕变期间，γ′相发生择优取向的筏形化转变，是定向凝固和单晶合金特有的现象，由于 γ′相的筏状结构对合金的蠕变性能有较大的影响，所以被广泛研究。Tien 等研究表明[106]：负错配度合金在高温拉应力蠕变期间，立方 γ′相沿垂直于应力轴方向形成 N-型筏状结构，在压应力蠕变期间，立方 γ′相沿平行于应力轴方向形成 P-型筏状结构。

有关 γ′相定向粗化动力学的文献认为[107]：高温蠕变期间，错配度的大小和符号决定了 γ′相的形态演化的规律，γ′相筏形化速率与施加应力的大小、γ/γ′两相的晶格错配度和应变能密度成正比。其中，弹性应变和晶格错配度决定了合金中 γ′相的形态演化特征。尽管在施加应力条件下 γ′相的演化行为与 γ/γ′两相的错配度和弹性应变能有关，但实际上，弹性应变能的变化源于施加应力致使立方 γ′/γ 相不同晶面发生的晶格扩张与收缩应变，并且，随 γ′相筏形化速率降低，合金的组织稳定性提高。

实际上，Al、Cr 等元素的扩散速率直接决定了 γ′相发生定向粗化的速率。由于 γ′相发生组织演化主要归因于 Al、Cr 等元素在蠕变期间的定向扩散，因此，降低 Al、Cr 等元素在高温蠕变期间的扩散速率，可降低 γ′相的定向粗化速率，且延长 γ′相筏形化转化时间，可提高合金的组织稳定性和蠕变抗力。因此，计算各元素在各种条件下的扩散速率，定量分析元素扩散对 γ′相的定向粗化的影响规律，可预测不同条件下合金中 γ′相的定向粗化速率，为优化成分设计和工程化应用提供理论依据。

据此，本章对 DZ125 定向凝固合金进行不同条件下的蠕变性能测试和组织形貌观察，考察合金在不同蠕变条件下 γ′相的形态演化规律，采用热力学方法计算各元素的扩散迁移速率，并预测合金在不同条件下 γ′相的筏形化时间，试图为合金的应用提供理论依据。

3.2 实验方法

3.2.1 蠕变性能测试

将完全热处理合金用线切割的方法加工成片状蠕变试样，其尺寸如图 2-1 所示。并在不同应力和温度条件下，进行蠕变性能测试，经蠕变不同时间，终止蠕变试验，以观察合金的组织结构。

3.2.2 组织形貌观察

将不同条件下蠕变后的试样，及经不同条件下蠕变不同时间的试样，进行化学及电解深度腐蚀后，在 SEM 下进行组织形貌观察。考察 γ′相的筏形化时间，研究合金的组织演化规律，并构建筏状 γ′相在空间的存在方式。其中，选用的化学腐蚀液组分为：NHO_3 + HF + $C_3H_8O_3$，其体积比为 1：2：3。进行深度腐蚀使用的电解液为：5g 柠檬酸+5g 硫酸铵+600mL 水。

3.2.3 元素扩散迁移速率的计算

将热处理态和在 1040℃/137MPa 条件下蠕变 40h 的合金经线切割和机械研磨至规定尺寸，并经双喷电解减薄后，在 TEM 下进行 TEM/EDS 微区成分分析，确定合金中各元素在 γ/γ′两相中的成分分布，并利用热力学方法，计算各元素在不同条件下蠕变期间的扩散迁移速率，定量分析元素扩散迁移速率与 γ′相定向粗化速率之间的关系。

3.2.4 γ′相筏形化时间的预测

根据元素在不同温度下的扩散迁移速率，计算出合金在形态演化期间元素 Al 的扩散总量，并根据扩散迁移速率、扩散总量及筏形化时间的关系，预测出合金中 γ′相在不同温度及应力条件下的筏形化转变时间。

3.3 蠕变期间的组织演化

经传统工艺热处理后，在合金不同区域的组织形貌如图 3-1 所示，图 3-1（a）为枝晶间/干区域的形貌，可以看出，细小的立方 γ′相存在于枝晶干区域，两枝晶干之间为枝晶间区域，在枝晶间区域存在粗大的 γ′相。

枝晶间区域 A 的放大形貌示于图 3-1（b），可以看出，该区域 γ′相的尺寸较为粗大，其边缘尺寸为 1 ~ 1.2μm。枝晶干区域 B 的放大形貌示于图 3-1（c），可以看出，该区域细小立方 γ′相的尺寸约为 0.4μm，并在枝晶干区域均匀分布。

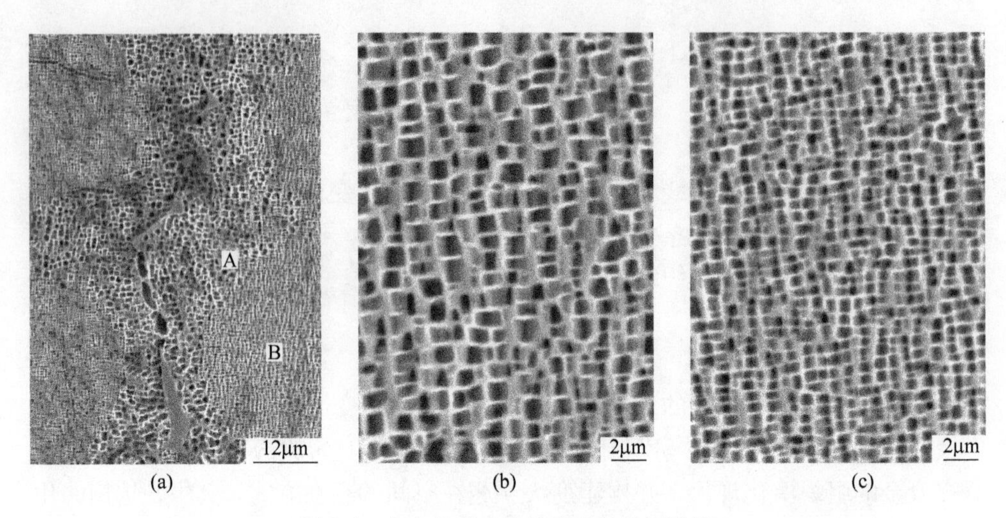

(a)　(b)　(c)

图 3-1　合金经完全热处理后的组织形貌

（a）枝晶间/干区域的形貌；（b）枝晶间区域的形貌；（c）枝晶干区域的形貌

3.3.1　中温蠕变期间的组织演化

合金在 760℃/740MPa 和 840℃/550MPa 条件下，分别蠕变 105h 和 88h 断裂后，枝晶干区域 γ′相的形貌如图 3-2 和图 3-3 所示。图 3-2（a）和图 3-3（a）为

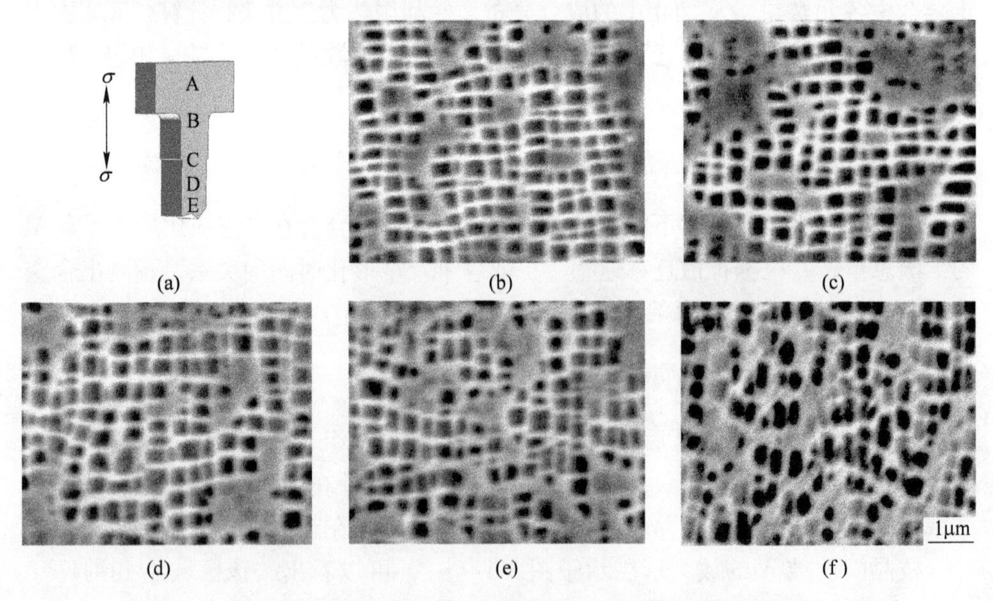

(a)　(b)　(c)
(d)　(e)　(f)

图 3-2　在 760℃/740MPa 蠕变 105h 断裂后合金不同区域的组织形貌

（a）样品示意图；（b）A 处组织结构；（c）B 处组织结构；
（d）C 处组织结构；（e）D 处组织结构；（f）E 处组织结构

蠕变断裂后样品观察区域的示意图，由于试样不同区域离断口距离不同，导致其承受不同的应力，致使在合金的不同区域具有不同的组织演化特征。因此，可根据合金不同区域的组织演化特征，分析合金在不同区域的变形程度。

在图 3-2（a）及图 3-3（a）中字母 A 标注处为无应力和无应变区域，其组织结构如图 3-2（b）和图 3-3（b）所示，可以看出，该区域 γ′相的形态及尺寸无明显变化，仍保持立方体形态，尺寸约为 0.4μm，这归因于温度较低，合金中元素扩散速率较慢所致；区域 B 的组织形貌如图 3-2（c）和图 3-3（c）所示，由于该区域承受较小的拉应力，应变量较小，故合金中 γ′相并无明显变化，多数仍为立方体形态，仅沿平行于施加应力轴方向略有伸长，γ 基体通道的宽度略有增加；图 3-2、图 3-3（d）和（e）分别表示区域 C、D 的组织形貌，随着离断口的距离减小，由于变形量较大，该区域发生颈缩，使承载的有效面积减小，有效应力增大，随应变量进一步增加，使 γ′相的扭曲程度增大，且立方 γ′相的边角圆滑，并在 γ′/γ 两相界面处可观察到清晰的扭折特征。

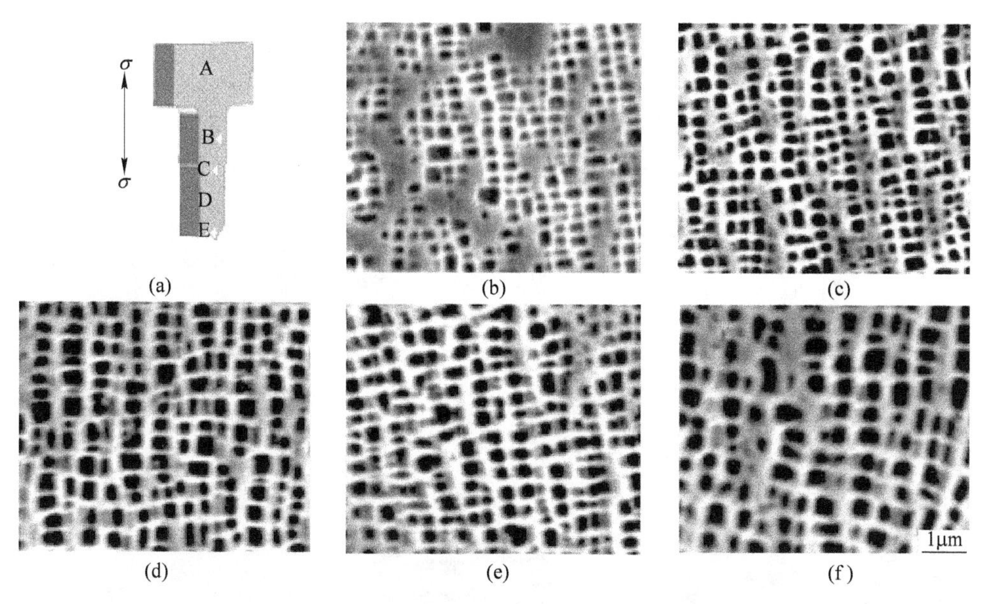

图 3-3 在 840℃/550MPa 蠕变 88h 断裂后合金不同区域的组织形貌

（a）样品示意图；（b）A 处组织结构；（c）B 处组织结构；

（d）C 处组织结构；（e）D 处组织结构；（f）E 处组织结构

在近断口 E 区域的形貌如图 3-2 和图 3-3（f）所示，由于该区域形变量最大，γ′相发生的粗化及扭曲程度较大，故部分 γ′相已转化为球状，在图 3-2（f）中的 γ′相尺寸已增大至 0.5μm，图 3-3（f）中 γ′相的尺寸增大至约 0.6μm，基体通道明显变宽，但 γ′相未形成完整的筏状组织。

3.3.2　高温蠕变期间的组织演化

经 980℃/200MPa 蠕变 107h 断裂后，合金样品不同区域的组织形貌如图 3-4 所示。图 3-4（a）为样品观察区域的示意图，其中，字母 A 为无应力和应变区域，其形貌如图 3-4（b）所示，可以看出，该区域中的立方 γ′相已完全变成球状形态，但并未相互连接，表明在该温度已发生了元素的扩散，但由于无外加应力，故 γ′相未形成筏状结构。由于区域 B 远离断口，横断面较大，故承受的拉伸张应力较小，因此，该区域仅部分 γ′相相互连接形成串状结构，其 γ′相的厚度尺寸约为 0.4μm，但未形成完整的筏状结构，其形貌如图 3-4（c）所示。

在区域 C 的 γ′相形貌如图 3-4（d）所示，可以看出，γ′相已形成与应力轴垂直的 N-型筏状结构，筏状 γ′相的尺寸约为 0.4μm。但区域 D 的筏状 γ′相已发生明显长大，其厚度尺寸增加至 0.5～0.6μm，且筏状 γ′相已发生扭曲，如图 3-4（e）所示。而在近断口的 E 区域，由于该区域已发生明显的颈缩，因此，在恒定载荷的蠕变期间，该区域有效应力较大，故筏状 γ′相已发生明显的扭曲及粗化，如图 3-4（f）所示，其筏状 γ′相的尺寸已增大至 0.7μm，与图 3-4（e）相比，筏状 γ′相的取向发生一定程度的变化，由与应力轴垂直的方向转变为与应力轴呈一定角度倾斜，这归因于近断口区域发生较大的塑性变形所致。

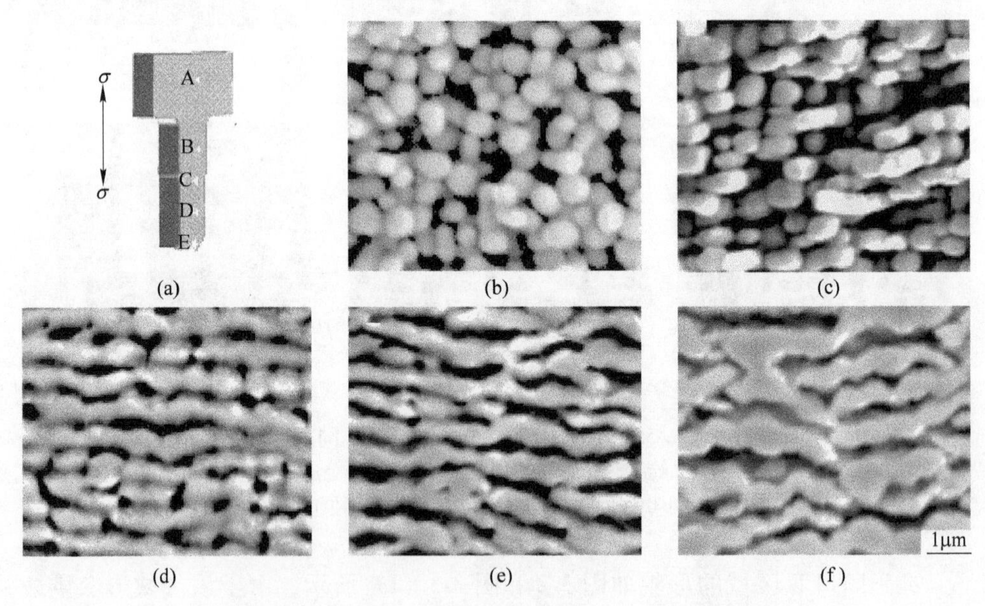

图 3-4　经 980℃/200MPa 蠕变 107h 断裂后样品不同区域的组织形貌

（a）样品示意图；（b）A 处组织结构；（c）B 处组织结构；
（d）C 处组织结构；（e）D 处组织结构；（f）E 处组织结构

经 1040℃/137MPa 蠕变 90h 断裂后，合金不同区域的组织形貌如图 3-5 所示。图 3-5（a）为样品观察区域的示意图，从图 3-5（b）~（e）可以看出，在（100）晶面的不同区域，γ′相具有不同的形貌。区域 A 为无应力区域，由于蠕变温度较高，元素已发生明显的扩散，故合金中大部分筏状 γ′相已相互连接，形成串状结构，如图 3-5（b）所示。在样品的 B 区域承受较低的有效拉应力，故发生较小的应变，其 γ′相基本已形成与应力轴垂直的筏状结构，筏状 γ′相的厚度尺寸略有长大至约 0.5μm，其形貌如图 3-5（c）所示。近断口的 C、D 区域，在高温拉应力的作用下，合金中的 γ′相已沿与应力轴垂直的方向发生了完全的筏形化转变，筏状 γ′相的厚度已长大至约 0.6μm，而在区域 D 的 γ′相已经发生明显的扭曲，如图 3-5（e）所示。

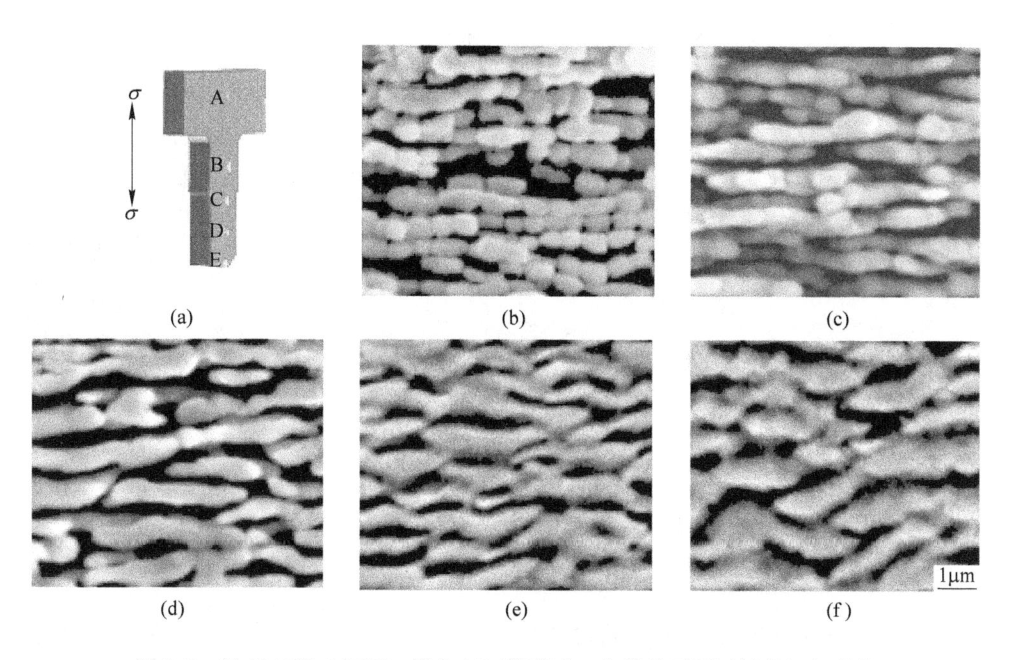

图 3-5 经 1040℃/137MPa 蠕变 90h 断裂后，在样品不同区域的组织形貌

（a）样品示意图；（b）A 处组织结构；（c）B 处组织结构；
（d）C 处组织结构；（e）D 处组织结构；（f）E 处组织结构

但在近断口的区域 E，筏状 γ′和 γ 两相的厚度尺寸均已增加至 0.7μm，其 γ′相的扭曲程度进一步增加，与应力轴的夹角大约为 20°，如图 3-5（f）所示。这归因于该区域发生了明显的颈缩，横截面减小，致使该区域的有效应力变大，发生更大的塑性变形。因此，该区域筏状 γ′相的长度尺寸减小至约 4μm，并且呈现波浪状形态。

3.4　组织演化与元素的扩散迁移速率

3.4.1　蠕变期间 γ′相的筏形化速率

合金在 1040℃/137MPa 蠕变不同时间的组织形貌如图 3-6 所示，施加应力轴的方向如图中箭头标注所示。可以看出，蠕变 1h 后，合金中的立方 γ′相已转变成球状形态，且 γ′相沿水平方向的尺寸有所伸长，而垂直方向尺寸略有减小，并沿垂直于应力轴方向相互连接形成串状结构，如图 3-6（a）所示。蠕变 2h 和 2.5h 后，合金中的 γ′相沿垂直于应力轴方向逐渐扩散连接形成筏状组织，如图 3-6（b）和（c）所示，但仍有粒状 γ′相独立存在，如图 3-6（c）中箭头所示。

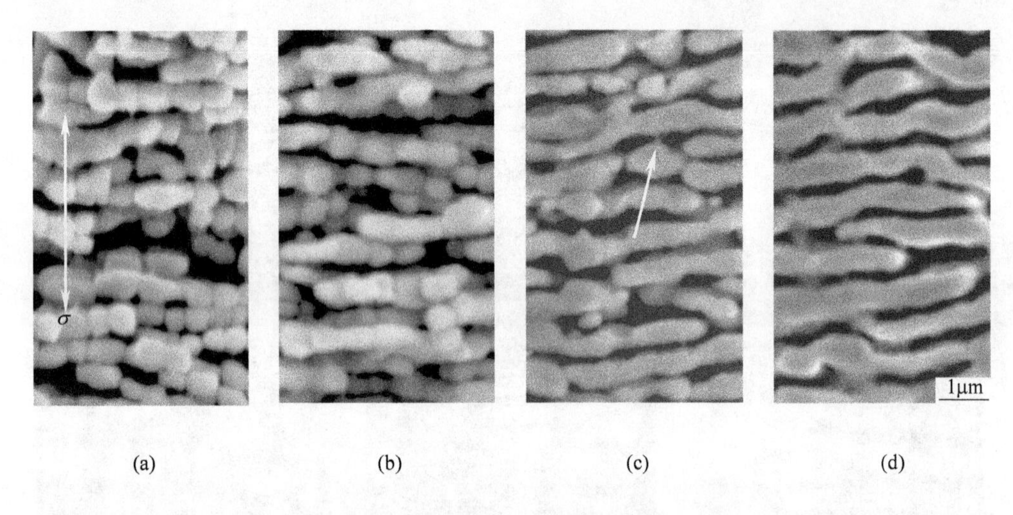

图 3-6　合金在 1040℃/137MPa 蠕变不同时间的组织形貌

（a）蠕变 1h；（b）蠕变 2h；（c）蠕变 2.5h；（d）蠕变 3h

随着蠕变时间增加至 3h，合金中的 γ′相已完全转变成与应力轴垂直的 N-型筏状结构，与图 3-6（b）相比，筏状 γ′相的厚度尺寸略有增加，如图 3-6（d）所示，因此，确定出该合金在 1040℃/137MPa 条件下的筏形化时间 3h。应用上述方法确定出在 1040℃ 施加 137MPa、100MPa、80MPa 和 50MPa 条件下，合金中 γ′相的筏形化时间分别为 3h、4.5h、7h 和 15h。

在 1040℃ 施加不同应力与合金中 γ′相筏形化时间的依赖关系示于图 3-7，表明合金在蠕变期间的筏形化时间与施加的应力有关，随施加应力的降低，合金中 γ′相的筏形化时间延长。由于 γ′相的筏形化速率取决于元素定向扩散速率，因此，根据图 3-7 可以推断，随施加应力的提高元素扩散速度加快，是致使 γ′相的筏形化时间缩短的主要原因。

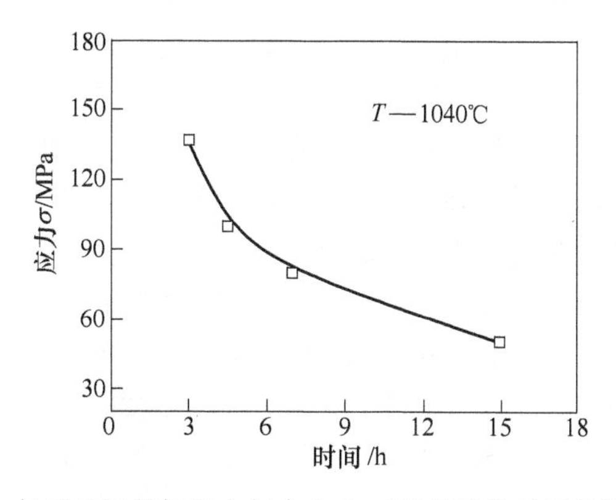

图 3-7　在 1040℃施加应力与合金中 γ′相筏形化时间的依赖关系

3.4.2　枝晶干/间区域组织演化特征

由图 3-7 可知，合金经完全热处理后，枝晶干/间区域的组织结构存在不均匀性，在枝晶干区域 γ′相的尺寸较小，枝晶间区域的 γ′相尺寸较大。

合金经 1040℃/137MPa 蠕变 40h，沿样品的（100）晶面切取试样，其枝晶干/间区域的组织形貌示于图 3-8。其中，图 3-8（a）白色方框区域的放大形貌示于图 3-8（b）。可以看出，合金中 γ′相已转变成与应力轴垂直的 N-型筏状结构，但在枝晶干/间区域仍存在 γ′相的尺寸不均匀性，在合金的枝晶干 A 区域，筏状 γ′相的尺寸细小，约为 0.5μm，而在枝晶间的 B 区域，筏状 γ′相的尺寸较粗大，约为 1μm。

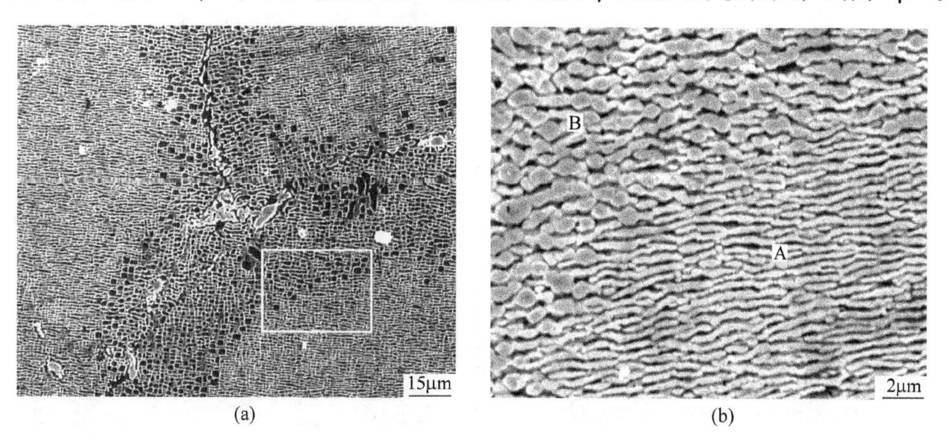

图 3-8　在 1040℃/137MPa 蠕变 40h 合金中筏状 γ′相在枝晶干/间区域的形貌
（a）枝晶干/间组织形貌；（b）方框区域的放大形貌

由于合金经传统工艺热处理后，枝晶干/间区域 γ′相的尺寸不同，故仅选取图 3-8（b）中枝晶干 A 区域进行组织形貌观察，确定出合金中 γ′相在三维空间的存在方式，考察不同晶面合金的组织演化特征与规律。

合金经1040℃/137MPa蠕变40h，在枝晶干区域不同晶面筏状γ′相的形貌示于图3-9，其中，合金经电解深度腐蚀后，γ基体被腐蚀溶解而消除，呈暗颜色，而γ′相被保留呈亮颜色。枝晶干区域中单胞受力的方向如图3-9（a）所示，在枝晶干区域（100）晶面的（图3-8（b）中的A区域）筏状γ′相形貌示于图3-9（c），可以看出，在合金的（100）晶面，γ′相已沿垂直于应力轴的方向形成N-型筏状结构，而在（010）晶面，合金中γ′相仍为沿垂直于应力轴的N-型筏状结构，且在两个晶面中的筏状γ′相的尺寸、形态完全相同，如图3-9（d）所示。合金在（001）晶面中的γ′相沿［100］和［010］方向呈现网状形态，示于图3-9（b），表明在1040℃/137MPa蠕变期间，由于元素发生定向扩散，合金中的γ′相在（001）晶面沿［100］、［010］方向相互扩散连接，且形成类似筛网状的筏状结构，其筏状γ′相之间为γ基体相，与γ′相相邻的上下两层γ基体相通过筛网而相互连接，并连续充填在筏状γ′相之间，以致于保持合金的高塑性。

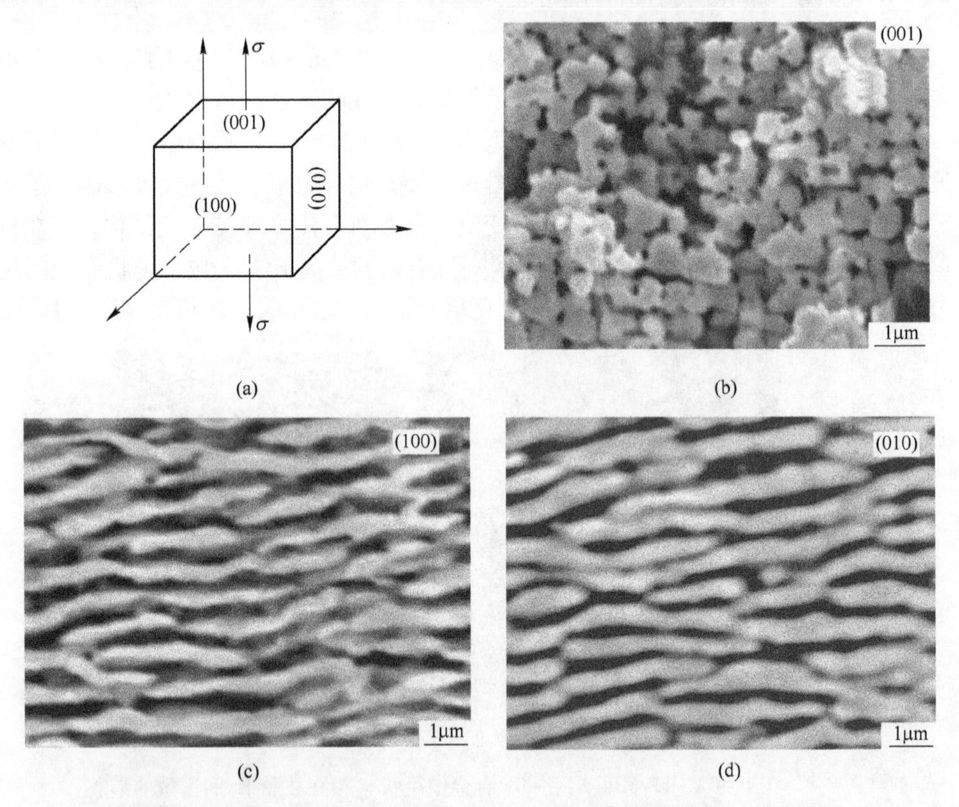

图3-9　经1040℃/137MPa蠕变40h合金中不同晶面的筏状γ′相形貌

（a）枝晶干区域中单胞受力的方向；（b）（001）晶面中的γ′相形貌；

（c）（100）晶面中的γ′相形貌；（d）（010）晶面中的γ′相形貌

经传统工艺热处理后，合金中的立方γ′相以共格方式嵌镶在γ基体中的示意图如图3-10（a）所示；经高温蠕变40h后，在合金的（001）面，立方γ′相沿［100］和［010］方向相互连接，形成筛网状筏形组织的形貌如图3-10（b）所示。

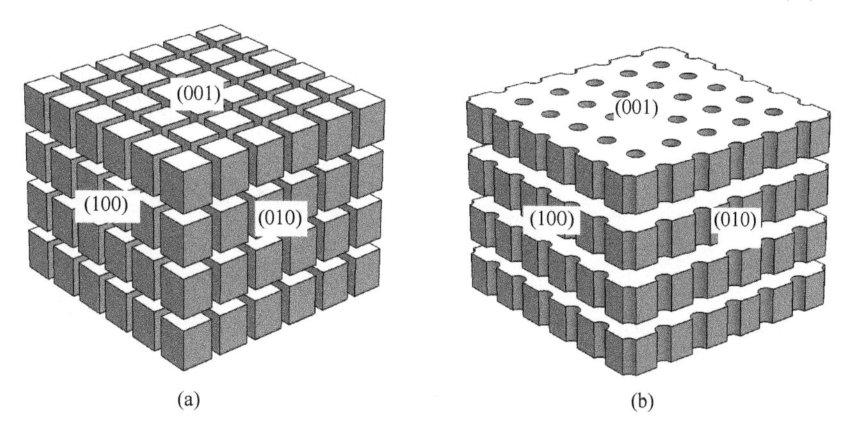

图3-10 沿［001］取向施加拉应力蠕变前后合金中γ′相在三维空间存在方式的示意图
（a）立方γ′相共格嵌镶在γ基体；（b）蠕变后形成筛网状筏形组织

在1040MPa、137MPa分别蠕变25h、45h和65h后，终止试验，其γ′相的形貌分别如图3-11（a）、（b）和（c）所示，表明随蠕变时间延长，合金中γ′相的尺寸逐渐长大，扭曲程度逐渐增加。

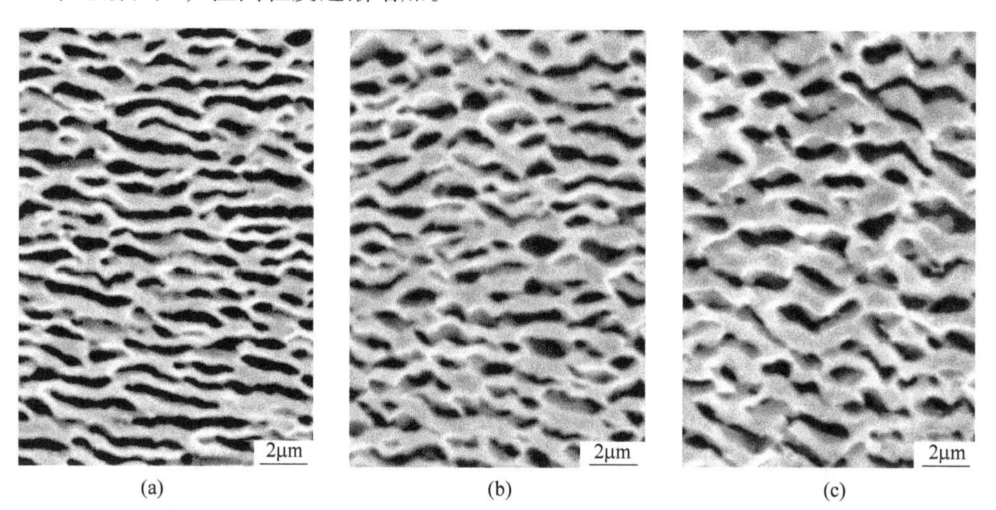

图3-11 合金在1040℃/137MPa蠕变不同时间的组织形貌
（a）蠕变25h；（b）蠕变45h；（c）蠕变65h

3.4.3 元素在γ′/γ两相中的平衡分布及热力学分析

定向凝固镍基合金由γ′/γ两相组成，尽管DZ125合金中含有Al、Ta、W、

Mo、Cr 和 Co 等元素，但各元素按平衡分配原理，分布于 γ′、γ 两相中。根据热力学相平衡理论，Ni-Al-M 系合金在一定温度下，当各元素在 γ′、γ 两相达平衡时，各元素按照平衡分配原理分布在 γ′、γ 两相中。其平衡分配的理论分析如下：当某一元素在 γ′、γ 两相达平衡时，该元素（用 M 表示）在两相中的化学势相等，即：$\mu_{M}^{\gamma}=\mu_{M}^{\gamma'}$，当用正规熔体模型来描述 γ′和 γ 两相的化学式时，M 在 γ′和 γ 两相的化学位表达式均为：

$$\mu_{M}={}^{0}G_{M}+RT\ln X_{M}+I_{NiM}X_{Ni}(X_{Ni}+X_{Al})+I_{AlM}X_{Al}(X_{Al}+X_{Ni})-I_{NiAl}X_{Ni}X_{Al} \tag{3-1}$$

式中，I_{ij}为 $i\cdot j$ 组元在 γ′或 γ 相中的相互作用系数；X_{i}为 i 组元在 γ′或 γ 相中的原子数分数；${}^{0}G_{M}$ 为纯组元 M 在 γ′或 γ 相的摩尔自由能；R 为气体常数。数值较小的项可以略去，式（3-1）简化为：

$$RT\ln(X_{M}^{\gamma}/X_{M}^{\gamma'})=\Delta^{0}G_{M}^{\gamma\to\gamma'}+(X_{M}^{\gamma'})^{2}I_{NiAl}^{\gamma'}-(X_{M}^{\gamma})^{2}I_{NiAl}^{\gamma} \tag{3-2}$$

定义分配比为：

$$K_{M}^{\gamma/\gamma'}=X_{M}^{\gamma}/X_{M}^{\gamma'} \tag{3-3}$$

γ′相的稳定化参数为：

$$\Delta^{*}G_{M}^{\gamma\to\gamma'}=\Delta^{0}G_{M}^{\gamma\to\gamma'}+(X_{M}^{\gamma'})^{2}I_{NiAl}^{\gamma'}-(X_{Ni}^{\gamma})^{2}I_{NiAl}^{\gamma} \tag{3-4}$$

则有：

$$K_{M}^{\gamma/\gamma'}=\exp[\Delta^{*}G_{M}^{\gamma\to\gamma'}/(RT)] \tag{3-5}$$

因此，组元 M 在 γ′、γ 两相中的平衡分配比与温度呈函数关系，即在不同温度下元素具有不同的分配比值。对于 DZ125 合金，在一定的温度下，各元素在 γ、γ′两相平衡状态的分布规律服从元素在两相合金的分配定律，各元素在两相中的分配比值由元素在两相的分配定律所决定。

3.4.4　元素的扩散迁移速率

高温蠕变期间，由于元素的定向扩散，合金中的 γ′相可转变为与应力轴垂直的 N-型筏状结构，如图 3-10 所示。在高温拉应力蠕变期间，对合金中立方 γ′相的应力分析认为，在施加应力的作用下，立方 γ′相的（100）和（010）晶面可发生晶格扩张，具有较大半径的 Al、Ta 等 γ′相形成元素，可定向扩散进入（100）和（010）晶面的晶格，促使立方 γ′相沿［100］和［010］方向定向生长[108]，使其在（001）晶面生长成为类似筛网状的筏状组织。因此，元素的扩散速率对合金的组织稳定性有重要影响。

可以认为，经传统工艺热处理后，合金中 γ′、γ 两相的成分均匀，蠕变前后 γ′相的体积分数及元素组成无明显变化，立方 γ′相转化为筏状结构以后，合金中各元素已经发生了充分的扩散，且元素 i 的扩散迁移量（ΔX_{i}，摩尔分数,%），可用 i 元素在 γ′与 γ 两相之间的浓度差表示，即：$\Delta X_{i}=X_{i}^{\gamma'}-X_{i}^{\gamma}$。试样经

1040℃/137MPa 蠕变 40h 后，对其进行 TEM/EDS 成分分析，测定出合金中 γ′、γ 两相的化学成分，示于表 3-1，并由此计算出各元素的扩散迁移量 ΔX_i值。

表 3-1 经 1040℃/137MPa 蠕变 40h 后合金中 γ′、γ 两相的化学成分(质量分数) (%)

项目	Al	Ta	Cr	Mo	W	Co	Ti
γ′	6. 45±0. 85	3. 2±0. 5	2. 05±0. 25	0. 1±0. 1	2. 85±0. 25	4. 65±0. 15	2. 35±0. 15
γ	1. 4±0. 3	0. 9±0. 2	10. 6±2. 2	0. 9±0. 2	2. 75±0. 65	7. 15±1. 55	0. 3±0. 2
γ′/γ	4. 61	3. 56	0. 19	0. 11	1. 04	0. 65	7. 83

将相关数据代入式（3-6），可求出各元素在 1040℃时的扩散激活能 ΔG_i^* 值：

$$\Delta G_i^* = \sum_{j=1,\ n}\left[\Delta X_j \Delta G_i^{*j} + \frac{1}{2}\sum_{j,\ k=1,\ n(j\neq k)} \Delta X_j \Delta X_k \Delta G_i^{*jk}\right] \tag{3-6}$$

式中，ΔG_i^* 为元素 i 的扩散激活能；ΔG_i^{*j} 为元素 i 在元素 j 中的扩散激活能；ΔG_i^{*jk} 为元素 i 在元素 j、k 中的扩散激活能。将 ΔG_i^* 值代入式（3-7）可求出合金中各元素在 1040℃时的扩散迁移速率，由于元素的扩散速率与施加应力 σ_A 成正比例，故合金中各元素的扩散迁移速率可示为[109]：

$$V_i = \frac{K}{RT}\exp\left(\frac{-\Delta G_i^*}{RT}\right)\sigma_A \tag{3-7}$$

式中，R 为气体常数；T 为温度；K 为材料常数，其值为 14. 46；σ_A 为施加的应力。

根据式（3-7）的系数项可知，随温度 T 的升高，可降低元素的扩散速率，但由于指数项中随温度 T 升高元素扩散速率提高的幅度大于前者，因此，合金中各元素的扩散速率（V_i）随温度 T 的升高而增大。将各系数代入式（3-6）和式（3-7），计算出合金中各元素在 1040℃时的扩散迁移速率（V_i），其值列于表 3-2。

表 3-2 1040℃/137MPa 各元素在合金中的扩散迁移速率（V_i）

元素	Al	Ta	Cr	Mo	Co	W	Ti
扩散迁移速率	4.63×10^{-11}	2.13×10^{-11}	1.20×10^{-11}	5.35×10^{-12}	2.31×10^{-11}	1.34×10^{-12}	1.07×10^{-11}

根据表 3-2 可以看出，合金中元素的扩散迁移速率各不相同，其中，元素 W、Ti、Mo 具有较低的扩散迁移速率，元素 Ta、Cr 、Co 的扩散迁移速率次之，与其他元素相比，元素 Al 具有最高的扩散迁移速率。结果表明，合金中 γ′相形成筏状结构的速率主要由元素 Al 的扩散速率所控制，因此，元素 Al 的扩散速率对合金的组织稳定性具有重要影响。

3.4.5 γ′相的筏形化时间预测

尽管采用尝试法及组织观察可测定合金在高温蠕变期间 γ′相的筏形化时间，

但测定 γ′相在不同条件下的筏形化时间极为复杂，且工作量极大，不仅浪费了大量的人力物力还难以测量。由于合金中 γ′相形态演化对合金的蠕变性能及力学性能有重要的影响，因此，测定 γ′相在不同条件下的筏形化时间对性能估算及寿命预测尤为重要，并对合金的工程化应用具有指导作用。因此，有必要对合金中 γ′相在不同条件下的筏形化时间进行预测。

根据式（3-6）和式（3-7）计算出在 980℃/200MPa、840℃/450MPa 和 760℃/760MPa 条件下，各元素在合金中的扩散迁移速率（V_i）并示于表 3-3。可以看出，合金中各元素的扩散迁移速率随温度的降低而减小，各元素在不同温度下扩散迁移速率的变化趋势相同，其中，Al 元素在各温度下均具有较高的扩散迁移速率，而 W 元素的扩散迁移速率较低。当一定量的元素 Al 扩散至 γ 基体通道，并被立方 γ′相的侧向晶面所诱捕时，可促使其近邻的 γ 基体相转变成 γ′相。因此，可用元素 Al 的扩散迁移速率表征 γ′相的筏形化速率。

表 3-3　不同条件下各元素在合金中的扩散迁移速率（V_i）

元 素	Al	Ta	Cr	Mo	W	Co	Ti
760℃/760MPa	4.40×10^{-14}	2.03×10^{-14}	9.51×10^{-15}	5.08×10^{-15}	1.27×10^{-15}	2.20×10^{-14}	1.02×10^{-14}
840℃/450MPa	3.37×10^{-13}	1.56×10^{-13}	7.28×10^{-14}	3.89×10^{-14}	9.72×10^{-15}	1.68×10^{-13}	7.78×10^{-14}
980℃/200MPa	5.94×10^{-12}	2.74×10^{-12}	1.28×10^{-12}	6.86×10^{-13}	1.72×10^{-13}	2.97×10^{-12}	1.37×10^{-12}

蠕变期间，通过元素 Al 的扩散，使合金中 γ′相转变成筏状结构的示意图如图 3-12 所示。在原子 Al 扩散至 γ 基体通道，使其转变成 γ′相的分析中假设：(1) 对于边缘尺寸为 0.4μm 的立方 γ′相，元素 Al 从水平通道扩散至竖直通道的距离为 0.2~0.4μm；(2) 当原子 Al 由水平通道扩散至竖直通道，并被 γ′相侧向晶面所吸收时，竖直通道中的 γ 基体相可转变成 γ′相，并可排斥出 Cr、Mo 等 γ 相形成元素进入水平通道；(3) 当 n 个 Al 原子在 V 速率下扩散 t 小时，Al 原子的扩散量达最大值时，可促使该区域的 γ 相完全转变成 γ′相，同时，有相同数量的原子 Cr、Mo 等 γ 相形成元素扩散至水平通道，使其水平通道宽度增加。

因此，在 T 温度下，n 个 Al 原子在 V 速率下扩散 t 小时，竖直基体通道的 γ 基体相可完全转变成 γ′相。此时，原子 Al 的扩散总量为：

$$W = ntV \tag{3-8}$$

式中，W 为元素 Al 的扩散总量；n 为 Al 原子的扩散数目；t 为蠕变时间，h。由图 3-12 可知，当原子 Al 的扩散总量达到一定值时，竖直基体通道中的 γ 相可转变为 γ′相，并完成 γ′相的筏形化转变。可以计算，在 1040℃/137MPa 条件下，合金中有 n 个 Al 原子在 V_1 速率下扩散 t_1 小时，使合金中的 γ′相完成筏形化转变，所需的 Al 原子扩散总量（W_1）为：

$$W_1 = nt_1V_1 \tag{3-9}$$

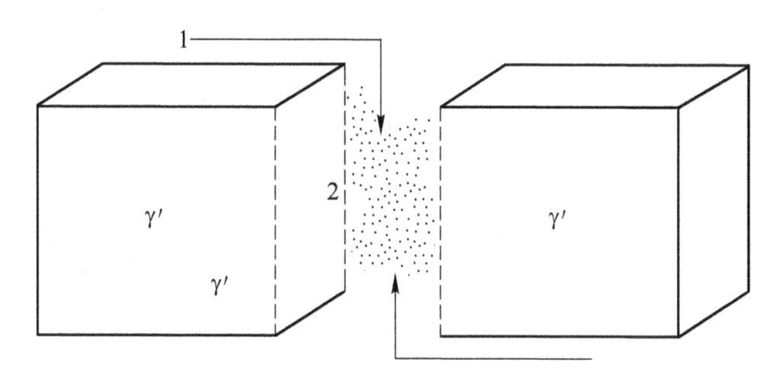

图 3-12　γ′相筏形化期间元素的扩散趋势示意图

在 980℃/200MPa 条件下，Al 原子在 V_2速率下扩散 t_2小时，合金中 γ′相可转变成筏状结构时，所需 Al 原子的扩散总量（W_2）为：

$$W_2 = nt_2V_2 \tag{3-10}$$

组织观察表明，在 1040℃/137MPa 蠕变 3h，合金中竖直通道 γ 相可完全转变成筏状结构。因此，计算出合金在 1040℃/137MPa 条件下，Al 原子的扩散总量为：

$$W_{1040℃/137MPa} = 3n \times 4.63 \times 10^{-11} \tag{3-11}$$

同理，在 980℃/200MPa 条件下，推算出 Al 原子在 V_2速率下扩散 t_2小时，可促使竖直通道中 γ 基体转变成 γ′相的 Al 原子扩散总量为 W_2，并根据不同温度下 Al 原子扩散总量相等的边界条件，即 $W_1 = W_2$，可得到：

$$nt_2 \times 5.94 \times 10^{-12} = 3n \times 4.63 \times 10^{-11} \tag{3-12}$$

将 V_1和 V_2数值及 t_1=3 代入式（3-12），可求出在 980℃/200MPa 条件下，合金中 γ′相发生筏形化转变的时间为 23.1h。同理可以推算出，在 980℃施加 150MPa、220MPa 和 240MPa 条件下，合金中 γ′相发生筏形化转变的时间分别为 30.9h、21.0h 和 19.3h，其值如图 3-13 中预测值所示。

采用尝试法，测定出在 980℃ 分别施加 150MPa、200MPa、220MPa 和 240MPa 条件下，合金蠕变期间 γ′相发生筏形化转变的时间分别为 31.5h、22.5h、20.5h 和 18.8h，如图 3-13 所示。结果表明，采用热力学方法预测出合金在不同条件下的筏形化时间与实验测定的 γ′相筏形化时间相近，由此可得出结论，采用热力学方法可预测合金在不同条件下 γ′相的筏形化时间。采用相同方法，预测出 840℃、800℃及 760℃不同应力条件下，合金中 γ′相的筏形化转变时间，示于表 3-4~表 3-6。结果表明，蠕变期间随温度和施加应力的降低，合金中 γ′相的筏形化时间延长。其中，在 840℃和 760℃蠕变期间，合金中 γ′相的筏形化转变时间各自需近 400h 和 3000h，即随着蠕变温度下降，合金中 γ′相的筏形化时间延长。

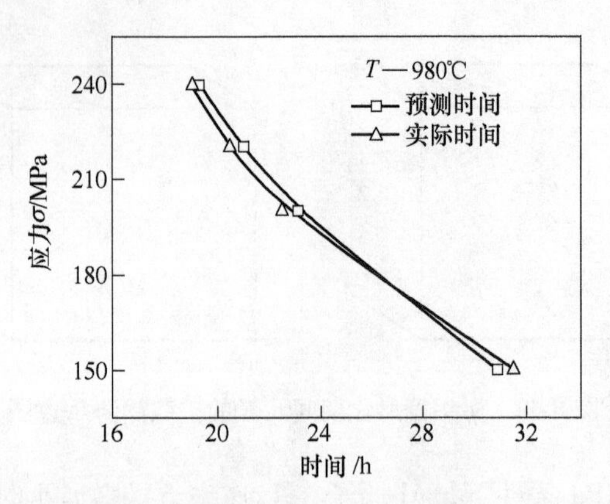

图 3-13　在 980℃不同应力条件下合金中 γ′相的预测与实际筏形化时间

表 3-4　在 840℃施加不同应力条件下预测出合金中 γ′相筏形化所需时间

施加应力/MPa	400	450	500	600
筏形化时间/h	464.1	412.5	371.3	309.4

表 3-5　在 800℃下施加不同应力预测出合金中 γ′相筏形化所需时间

施加应力/MPa	580	600	620	640
筏形化时间/h	1531.4	1367.8	1134.3	1023.5

表 3-6　在 760℃下施加不同应力预测出合金中 γ′相筏形化所需时间

施加应力/MPa	720	740	760	800
筏形化时间/h	3331.6	3241.6	3156.3	2998.5

3.5　讨论

3.5.1　元素的定向迁移

由于元素的定向扩散，在高温蠕变期间合金中的 γ′相已经转化为垂直于应力轴的 N-型筏状结构，如图 3-9 所示。分析认为，元素的定向扩散归因于高温蠕变期间合金中 γ′相在不同晶面的晶格应变和能量变化，其分析如下。

合金经热处理后具有负错配度（$\alpha_\gamma > \alpha_{\gamma'}$），其微观结构为立方 γ′相以共格方式镶嵌在 γ 基体中，在 γ′/γ 两相界面处具有相同的错配应变梯度。在高温蠕变期间，沿［001］方向施加应力时，立方 γ′相在不同晶面发生不同的晶格应变，并改变其界面的晶格应变能。图 3-14 为 γ′/γ 两相在施加拉应力条件下，不同晶面的晶格应变示意图（根据其对称性，只考虑四分之一的 γ′相及其周围的基体相）。沿竖直方向的 γ 基体通道由于刚度较 γ′相小，将发生较大的塑性应变，其

γ 基体通道发生的塑性变形，可引起 γ′相各晶面的弹性应变。

当沿着［001］方向施加应力时，垂直于应力轴的 γ 基体通道发生塑性应变，这将导致立方 γ′相的（001）晶面沿［100］和［010］方向承受剪切应力，如图 3-14 上侧箭头标注所示，由此可引起该晶面的晶格发生收缩应变。该晶格的压缩或挤压应变，可以排斥原子半径较大的 Al、Ta 和 Ti 原子，并提高水平基体通道中的化学势。但沿［001］取向施加的拉应力，可引起立方 γ′相的（100）和（010）晶面发生晶格扩张应变，并导致两个晶面的原子之间产生间隙，提高应变能。

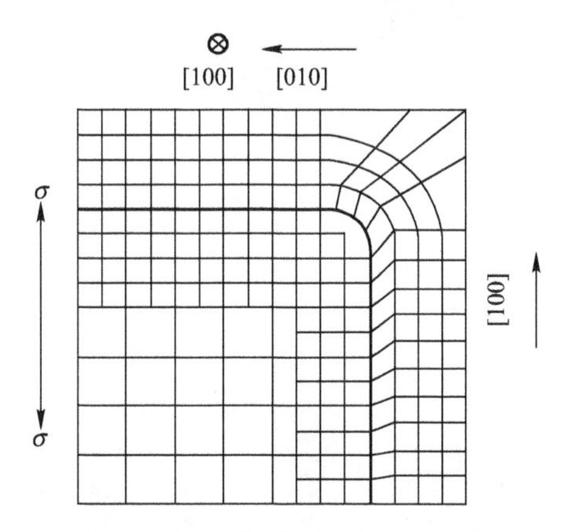

图 3-14　拉应力作用下不同晶面 γ′/γ 相错配示意图

当较大原子半径的 Al、Ta 原子扩散进入原子间隙时，可使其应变能减小，因此，扩张晶格诱捕较大半径原子是一个能量降低的自发过程，由此，可促进立方 γ′相沿着［100］和［010］方向定向生长。在 γ′相定向生长的过程中，竖直通道中的 Mo 和 Cr 原子受到排斥，使化学势提高。因此，在水平和竖直通道中 Al、Ta 和 Mo、Cr 原子化学位梯度的作用下，可促进各元素发生定向扩散，并促进 γ′相的定向生长。当相邻 γ′相由于定向生长而与其相连接时，γ′相可形成筏状结构。

此外，蠕变期间 γ′相的筏形化速度随着施加应力的提高而加快，这归因于平行于应力轴晶面的晶格扩张量增大，可提高各元素在水平和竖直通道中的化学势梯度，并加速元素的定向扩散，加之较大的晶格扩张应变可加速晶格诱捕 Al、Ta 原子的速度，故可促进 γ′相的定向生长速率。再则，γ′相完全转变成筏状结构后，γ′/γ 两相的界面面积减小，因此，蠕变期间 γ′相的定向生长过程伴随着应变能和界面能量的降低。

另外，合金在蠕变初始阶段 γ′相发生形态演化的过程中，伴随着 γ′/γ 两相界面的迁移。随着蠕变进行，立方 γ′相侧向界面捕获 Al、Ta 原子的数量增加，

使 γ′相在（001）晶面沿［100］和［010］方向定向生长，故可促使 γ′/γ 两相界面发生定向迁移。在 γ′相形态演化期间，γ′/γ 两相界面的迁移过程及元素的分布特征如图 3-15 和图 3-16 所示。

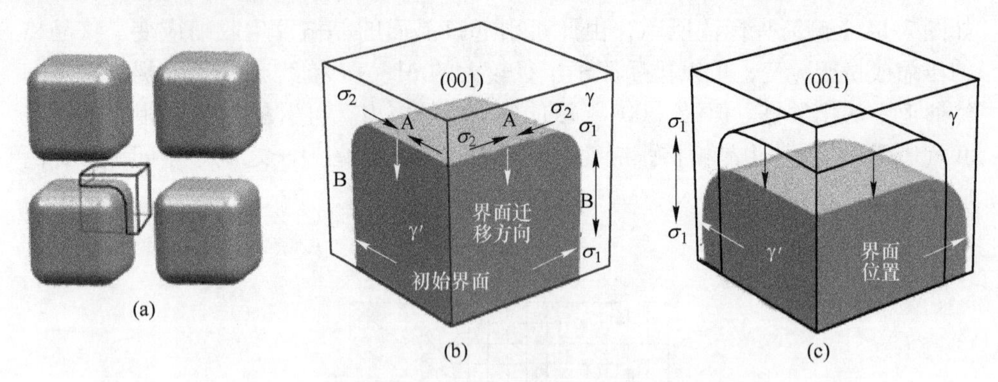

图 3-15　蠕变期间 γ′/γ 两相界面定向迁移示意图

（a）选择区域；（b）放大区域；（c）界面定向迁移

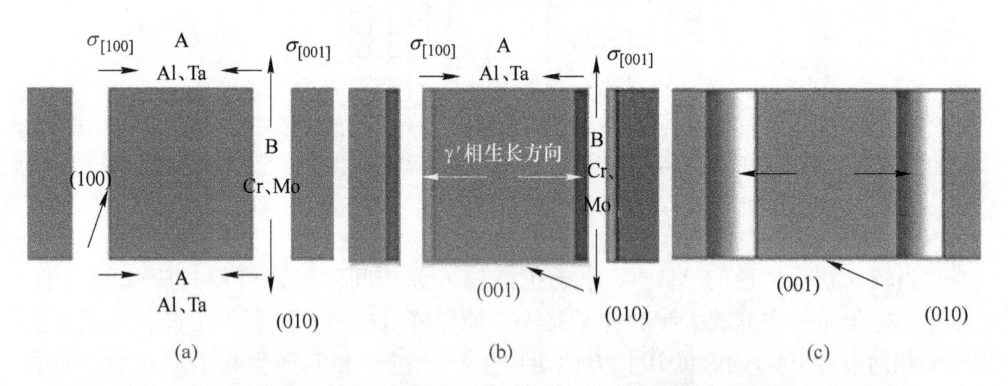

图 3-16　在施加拉伸应力条件下 γ′相由于元素扩散发生定向生长示意图

（a）不同区域 γ′相的受力方向；（b）γ′相的长大方向；（c）γ′相沿［100］和［010］方向筏形化

立方 γ′相以共格方式镶嵌在 γ 基体的示意图如图 3-15（a）所示，其中，选择的 γ′相及其周围的 γ 基体相如图 3-15（b）所示。当沿着［001］方向施加拉应力时，在（001）晶面的晶格沿着［100］和［010］方向发生收缩应变，如图 3-15（b）所示。γ′/γ 两相界面迁移过程中，元素在（010）/(100）晶面的分布特征如图 3-16（a）所示。蠕变初期，分切应力（σ_2）沿水平方向作用在立方 γ′相的（001）晶面，如图 3-15（b）中的箭头所示，因此，在 γ′/γ 两相界面水平方向的挤压应力可以排斥较大半径的 Al、Ta 原子，致使立方 γ′相的界面向下迁移，如图 3-15（b）中箭头所示。此外，在（001）晶面被排斥的 Al、Ta 原子富集在水平 γ 基体通道中，可提高 Al、Ta 原子的化学势能，如图中 3-16（a）中的 A 区域所示。

相反，立方 γ'相的（010）和（100）晶面，其沿［001］方向的扩张晶格应变可捕获 Al、Ta 等较大半径的原子，故可促使其 γ'相沿扩张晶格的法线生长，即沿立方 γ'相的［010］和［100］方向定向生长，如图 3-15（b）和图 3-16（b）所示。同时，Mo、Cr 等 γ 相形成元素被排挤进入到 γ'相附近的竖直 γ 基体通道中，如图 3-15（b）和图 3-16（b）中区域 B 所示。与水平通道区域 A 中元素的化学势相比，区域 B 中 Mo、Cr 具有较高的化学势，而 Al、Ta 具有较低的化学势。随着蠕变的进行，区域 A 和 B 中元素 Al、Ta 和 Cr、Mo 分别形成过饱和，故在化学势和浓度梯度的共同作用下，元素发生定向扩散。在此过程中，B 区域的元素 Cr、Mo 迁移至区域 A，致使水平基体通道变宽，同时，A 区域的元素 Al、Ta 扩散至区域 B，为扩张晶格提供原子，可促使 γ'相的定向生长和 γ'/γ 两相界面的迁移，如图 3-16（b）中水平白色箭头所示。随着蠕变的进行，竖直的 γ'/γ 两相界面向右迁移，直至两相邻 γ'相连接形成 N-型筏状组织，如图 3-15（c）和图 3-16（c）所示。在 γ'相定向生长期间，界面迁移的驱动力可表示如下[110]：

$$F_{\text{inter}}^{\text{mig}} = [F] - T\left[\frac{\partial u}{\partial n}\right] \tag{3-13}$$

式中，T 为界面移动牵引力；F 为与化学势相关的元素扩散驱动力；$\partial u/\partial n$ 为弹性位移梯度。此公式表明，γ'相筏形化驱动力随着化学势和弹性应变能梯度的增加而增大。

3.5.2 元素扩散的驱动力

在高温蠕变期间，随施加应力提高，合金中 γ'相的晶格应变增加，并有位错在基体中运动，可加速元素的扩散及 γ'相的定向生长[111]。如果认为，合金中面心立方的 γ'相各原子势能的变化与在蠕变过程中施加外力引起 γ'相及 γ 相晶格应变能的变化等价，则可认为两者可以相互表示，即用 γ'相各原子间势能的变化，表示 γ'相及 γ 相晶格应变能的变化。

若施加应力使原子间势能、界面能及 γ/γ' 两相的错配应力变化是促使合金中发生原子扩散及 γ'相定向生长的驱动力，则金属晶体中原子相互作用力可表示为：

$$F = \frac{A}{a^2} - \frac{Aa_0^2}{a^3} - \frac{Aa_0^3}{a^4} \tag{3-14}$$

当无外加应力且合金暴露在热环境中时，具有面心立方结构的 γ/γ' 两相的错配应力处于平衡状态具有对称特征。当施加拉伸或压缩应力时具有面心立方结构的 γ/γ' 两相不同晶面的错配应力分布发生变化，导致具有面心立方结构的 γ/γ'两相应变能密度发生变化。随着外加应力的改变应变能密度发生改变，当外加应力降低时，γ/γ' 两相应变能密度降低；当外加应力升高时，γ/γ' 两相应变能密度升高。因此外加应力及应变能密度是决定γ′相形成筏状组织的速率原因之一。当无外加应力且合金暴露在热环境中时，原子间势能 W_{P1} 完全是由具有面心立方结构的 γ/γ′ 两相晶格错配应力所引起的，而当施加压应力或拉应力引起面心立方结构中的原子位置发生变化时，晶格扩张变化量为 Δk，此时原子间相互作用势能为：

$$W_P = W_{P1} + \int_{k_0}^{k_0+\Delta k}\left(\frac{B}{k^2} - \frac{Ba_0^2}{k^4}\right)\mathrm{d}k = W_{P1} + \left(\frac{B}{k_0} - \frac{B}{k_0 + \Delta k}\right) + \left[\frac{Ak_0^2}{3(k_0 + \Delta k)}\right] \tag{3-15}$$

式中，W_P 为原子势能；k_0 为外力等于0时γ/γ′两相的平均晶格常数；A 为常数。当外加应力为0时，$\Delta k = 0$。将 $\Delta k = \frac{\sigma_k}{E}k_0$（$E$ 为弹性模量）代入式（3-15），整理可得到原子势能与外加应力的关系为：

$$W_P = W_{P1} + \frac{2B}{3k_0}\left[1 - \frac{E}{E + \sigma_k}\right] \tag{3-16}$$

式中，σ_k 为施加的应力。设外加应力引起的晶格应变能变化与原子势能成正比关系，则晶格应变能变化 ΔQ 为：

$$\Delta Q = D\left[W_{P1} + \frac{2B}{3k_0}\left(1 - \frac{E}{E + \sigma_k}\right)\right] \tag{3-17}$$

式中，ΔQ 为应变能密度变化；D 为常数。

当外加应力为拉应力时，导致面心结构的立方γ′相与应力轴垂直的（001）晶面发生晶格扩张（Δk 大于0），导致晶格应变能增大。根据式（3-17）可以看出，当施加的外加应力增大时，导致晶格变形幅度增大，在晶格变形幅度增大的过程中可以诱捕 Al 和 Ta 等γ′相形成元素。使γ′相沿着既定的方向生长，产生定向粗化，同时可排斥 Mo 和 Cr 等γ相形成元素，以达到平衡分配原则。

因此，合金在蠕变期间，元素定向扩散及γ′相发生筏形化转变驱动力可表示为：

$$F_M = \frac{2A}{3a_0}\left(1 - \frac{E}{E + \sigma_\alpha}\right) + \Delta G_S + \frac{B}{2E}(\sigma_\alpha - \sigma_{mis})^2 \tag{3-18}$$

式中，A、B 为常数；E 为弹性模量；a_0为未施加应力时，合金中γ′、γ两相的平均晶格常数；σ_α 为外加应力；σ_{mis}为错配应力。式（3-18）等量右边第一项为施加应力致使合金中原子间势能的变化，第二项为组织演化前后的界面能变化，第三项为施加应力引起γ/γ′两相错配应力的变化。分析表明，随施加应力提高，元素扩散的驱动力增大，γ′相的筏形化速率提高，以上分析与实验的结果相一致。

3.6 本章小结

通过对合金进行不同条件下的蠕变性能测试和组织形貌观察，结合微区成分分析和元素扩散迁移速率的热力学计算，研究了合金蠕变期间 γ′相的定向粗化规律及影响因素，并采用热力学方法预测了合金中 γ′相在不同条件下蠕变期间的筏形化速率，得出主要结论如下：

（1）在中温/高应力蠕变期间，合金中的 γ′相不形成筏状组织；而在高温/低应力拉伸蠕变期间，合金中的立方 γ′相转变成与施加应力轴方向垂直的 N-型筏状结构。

（2）蠕变断裂后，在样品不同位置具有不同的形貌，在近断口区域合金中 γ′相扭曲程度较大的原因，归因于近断口区域发生较大的塑性变形所致。

（3）在高温/低应力蠕变期间，随施加温度和应力的提高，合金中元素的扩散迁移速率增大，γ′相的筏形化时间缩短。在不同温度蠕变期间，元素 Al 均具有较大的扩散迁移速率，而元素 W 具有较小的扩散迁移速率。

（4）在 1040℃/137MPa 和 980℃/200MPa 条件下，测算出合金中 γ′相的筏形化时间为 3h 和 23h，而在 840℃和 760℃蠕变期间，预测出合金中 γ′相的筏形化时间各自需近 400h 和 3000h，即随着蠕变温度下降，γ′相的筏形化时间延长。

4 蠕变期间的变形机制与断裂特征

4.1 引言

定向凝固合金在施加恒定载荷的服役条件下会发生蠕变现象，其中，变形机制主要由服役条件、合金成分，以及γ'相的强度、尺寸、形态与分布等因素所决定[112]。研究表明[113]，定向凝固合金的蠕变机制主要包括：γ'相发生定向粗化，蠕变位错在基体中滑移和切割γ'相，并在γ/γ'两相界面形成位错网，以及裂纹的萌生与扩展等。由于蠕变期间位错的运动方式、裂纹萌生及扩展模式与合金的蠕变抗力密切相关，因此，定向凝固合金的蠕变行为得到广大研究者的重视。

研究表明[114]，镍基合金在蠕变的不同阶段具有不同的变形特征，其中，在中温/高应力服役条件下，合金中γ'相并未发生筏形化转变，仅是尺寸略有增加。蠕变初期，位错在基体中滑移，或以 Orowan 机制越过γ'相，其中，蠕变位错在基体中塞积，引起应变硬化，可降低合金在稳态期间的应变速率。随着蠕变进行，当γ'相的屈服强度小于位错在γ'/γ两相界面塞积引起的应力集中值时，位错可以剪入γ'相，而其切入γ'相的<110>超位错可以发生分解，形成<112>肖克莱不全位错+层错的位错组态，因此，可以抑制位错的交滑移[115]。同时，切入γ'相的<110>位错也可由{111}面交滑移到{100}面形成 K-W 锁，抑制<110>位错在{111}面滑移，从而提高合金强度。当合金在高温/低应力条件下，随蠕变进行，合金中的立方γ'相逐渐转变为筏状结构，存在于γ'/γ两相界面的位错网，可以释放γ'/γ两相的晶格错配应力，减缓应力集中，提高合金的蠕变性能[116]。在稳态蠕变期间，合金的变形机制是位错攀移越过筏状γ'相，而在蠕变后期，位错网遭到破坏，大量在基体中滑移的位错可切入γ'相，最终导致合金的蠕变断裂。尽管单晶合金及定向凝固合金在高温、中温蠕变期间的变形机制及蠕变损伤已有报道，但 DZ125 镍基合金在蠕变期间的变形机制并不清楚。

据此，本章通过对蠕变不同时间的 DZ125 合金进行组织形貌观察和位错组态分析，研究 DZ125 合金在蠕变期间的变形机制，试图为合金的开发与应用提供理论依据。

4.2 实验材料与方法

4.2.1 实验材料

将在不同条件下蠕变不同时间的样品经预磨机研磨，制备成直径 $\delta=50\mu m$ 的透射电镜样品，采用双喷减薄仪在低于-25℃条件下进行减薄，采用的电解液成分为：7%高氯酸（$HClO_4$）+93%乙醇（C_2H_6O）。

4.2.2 组织形貌观察

选用的腐蚀液成分为：NHO_3 + HF + $C_3H_8O_3$，其体积比为 1∶2∶3，将不同状态的合金进行化学腐蚀后，对其进行电子扫描显微组织形貌观察。将减薄后的样品在 TECNAI-20 型透射电镜（TEM）下进行微观形貌观察，并采用系统倾转技术（其倾斜角度大致为 ±40°），对蠕变样品进行位错组态的衍衬分析。

4.3 蠕变期间的变形特征

4.3.1 中温蠕变期间的变形特征

图 2-7 表明，经传统工艺热处理的合金存在明显的组织不均匀性，即在枝晶干区域立方 γ′相尺寸细小，且均匀分布，而在枝晶间区域类立方 γ′相尺寸粗大，其不同的组织结构在蠕变期间具有不同的变形特征。

经传统工艺热处理合金在 780℃/700MPa 蠕变不同时间后，在不同区域 γ、γ′两相的变形特征如图 4-1 所示，合金的受力方向如图中箭头所示。经完全热处理后，合金枝晶干区域 γ′、γ 两相共存的组织形貌如图 4-1（a）所示，其立方 γ′相以共格方式嵌入 γ 相基体中，枝晶干区域 γ′相尺寸约为 0.4μm。其中，蠕变 2h 在枝晶干区域的变形特征示于图 4-1（b），此时，γ′相仍然保持立方体形态，位错仅在基体通道中滑移，而无位错剪切进入 γ′相。结果表明，与 γ′相相比，γ 基体相的强度较弱，故在高温施加载荷的蠕变初期，首先是形变位错在基体通道中发生滑移和交滑移。当位错在基体通道中滑移，遇到 γ′相或碳化物受阻时，位错可绕过 γ′相或碳化物形成位错环，如图中箭头标注所示。

蠕变 2h 在枝晶间区域的变形特征示于图 4-1（c），在基体中激活的大量（1/2）<110>位错沿与应力轴呈 45°方向滑移，形成的位错塞积如图中 A 区域所示，仍无位错切入枝晶干中的 γ′相。研究表明，镍基合金具有较低的层错能，当位错切入有序的 γ′相时，位错可分解形成肖克莱不全位错+SISF 的位错组态，但图 4-1（c）中未发现位错分解。由此可以判断，枝晶间区域在蠕变初始阶段的变形机制是仅发生位错在基体通道中的滑移，而无位错切入 γ′相。由

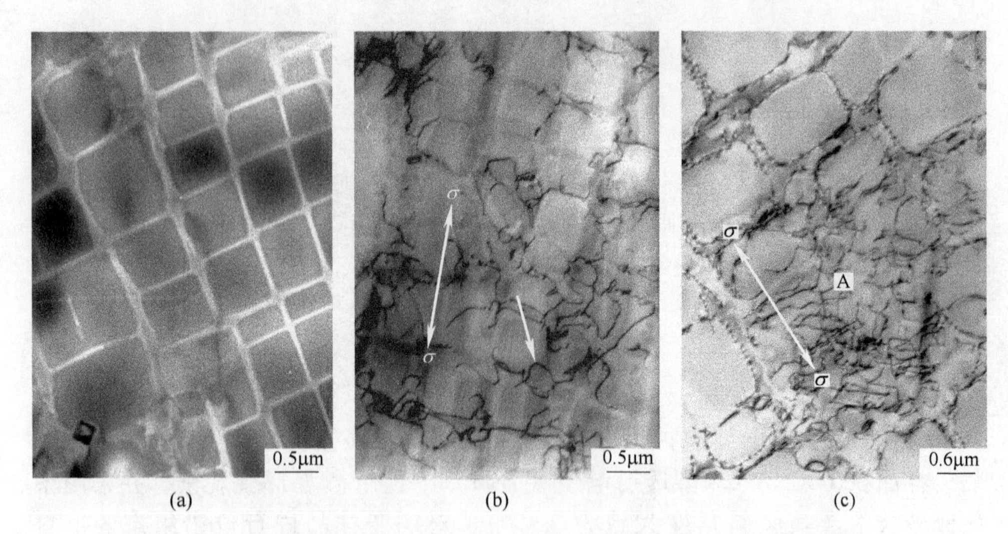

图 4-1　在 780℃/700MPa 条件下蠕变不同时间时合金不同区域的变形特征

（a）完全热处理；（b）枝晶干蠕变 2h；（c）枝晶间蠕变 2h

组织形貌的观察与分析可知，合金在枝晶干区域的变形并不均匀，其主要特征是，位错在基体中运动，当位错运动到 γ′/γ 两相界面受阻时，位错可发生交滑移传播至无位错区。

传统工艺热处理合金经 780℃/700MPa 蠕变 127h 断裂后不同区域 γ、γ′两相的变形特征如图 4-2 所示，受力方向如图中箭头所示。其中，在枝晶干区域的变形特征示于图 4-2（a），可以看出，蠕变期间在枝晶干区域的 γ′相已由原

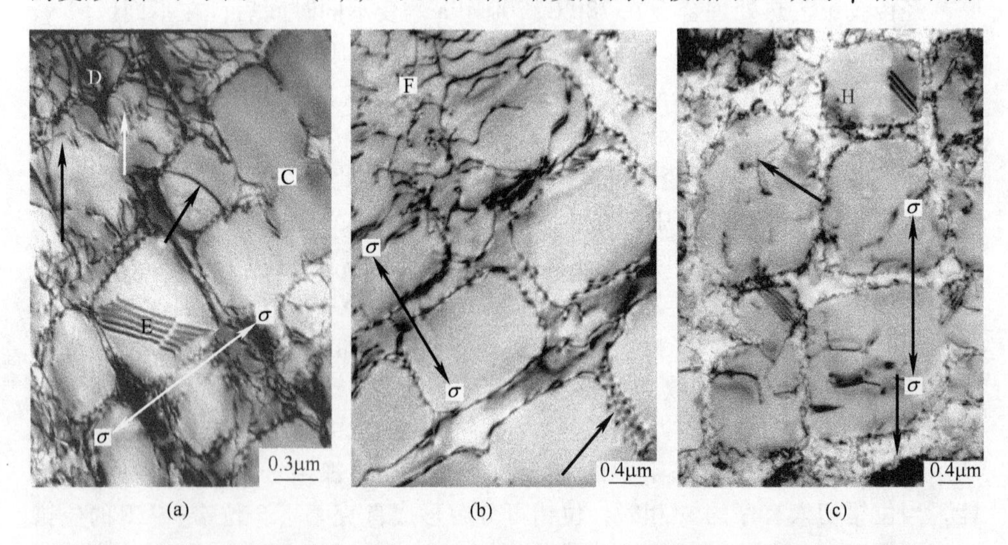

图 4-2　传统工艺热处理合金在 780℃/700MPa 蠕变 127h 断裂后不同区域的变形特征

（a）枝晶干区域；（b）远离断口枝晶间区域；（c）靠近断口枝晶间区域

来规则的立方 γ′相形貌转变成边角圆滑的类球形形态，此时一些立方 γ′相已转变成串状结构，如图 4-2（a）中区域 C 所示，表明合金在蠕变期间已发生了元素的扩散。γ 基体的强度较弱，故当合金在高温蠕变期间，位错首先在基体通道中滑移和交滑移，如图 4-2（a）中区域 D 所示，当（1/2）<110>位错在基体中滑移至类立方 γ′相受阻时，可由一｛111｝面交滑移至另一｛111｝面，形成具有 90°折线特征的位错交滑移组态，如图 4-2（a）中黑色长箭头所示。

随时间延长至蠕变后期，在基体通道中的位错密度增加，产生应力集中，当应力集中值超过 γ′相的屈服强度时，位错可剪切进入 γ′相，其中，位错以位错对的形式剪切 γ′相，如图中白色短箭头所示，剪切进入 γ′相形成的弯曲超位错，如图中黑色短箭头所示；剪切进入 γ′相的超位错发生分解，可形成不全位错加层错的形态，如图中区域 E 所示。

合金蠕变断裂后，远离断口枝晶间区域的组织形貌示于图 4-2（b），可以看出，该区域的 γ′相与枝晶干区域的 γ′相相比较为粗大，尺寸为 1~1.5μm，并有大量位错在基体中发生滑移和交滑移运动，如图 4-2（b）中区域 F 所示。其中，在两粗大 γ′相之间的基体通道已出现界面位错网，如图中黑色箭头所示，该位错网可释放 γ/γ′两相间的晶格错配应力，提高合金强度。蠕变期间，当基体中的运动位错与位错网相遇时，可发生位错反应，改变了原来位错的运动方向，促使位错攀移越过 γ′相，并有效减缓应力集中，故在此区域仅有少量位错切入粗大 γ′相。

合金蠕变断裂后，在离断口较近的枝晶间区域，其组织形貌如图 4-2（c）所示，由于该区域已发生明显的颈缩，所以变形量较大，尽管粗大 γ′/γ 两相界中仍然存在位错网，但大部分位错网在蠕变过程中已被损坏，如图中下部箭头所示。分析认为，随蠕变进行至后期，大量形变位错在 γ/γ′两相界面处塞积，形成位错缠结，该位错缠结可以引起应力集中，致使粗大 γ′相的界面位错网遭到损坏；当合金的应变进一步增大再次产生应力集中时，可致使形变位错切入 γ′相，如图 4-2（c）中部箭头所示，与图 4-2（b）相比，切入 γ′相的位错数量明显增加。并有超位错切入 γ′相发生分解形成层错，其形态如图 4-2（c）中区域 H 所示，即：蠕变期间（1/2）<110>位错沿 γ′/γ 两相界面切入 γ′相后发生分解，并形成两个不全位错加层错的位错组态。

4.3.2 高温蠕变期间的变形特征

合金经 1040℃/137MPa 蠕变 40h 后，枝晶干区域的微观组织形貌如图 4-3 所示，受力方向如图中箭头所示。此时，合金已经进入稳态蠕变阶段，立方 γ′相完全转变成筏状结构，筏状 γ′相的取向垂直于应力轴（应力轴方向如图中箭头标注所示），且有位错网存在于 γ/γ′两相界面，如图中长箭头所示，可以看出，仅有少量位错切入γ′相内，如图中短箭头标注所示，此时合金的应变量约为1.7%。

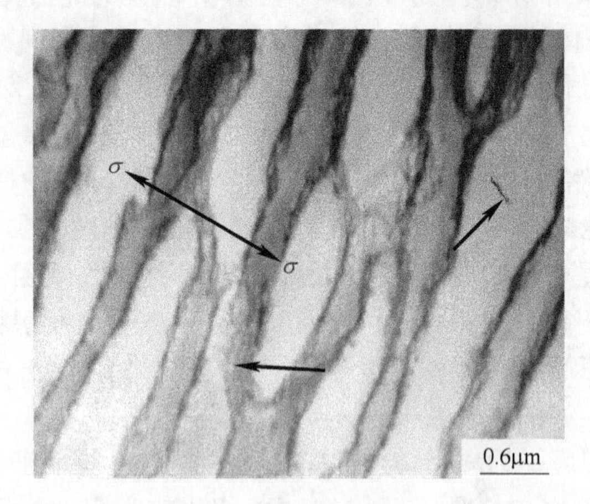

图4-3 合金在1040℃/137MPa稳态蠕变期间的组织形貌

合金在上述条件下蠕变40h后，在另一区域存在的界面位错网形貌示于图4-4，可以看出，稳态蠕变阶段，合金中形成的筏状γ′相内无位错，位错仅在合金基体中滑移，并在筏状γ′/γ两相界面存在界面位错网，方框区域的放大形貌示于照片的左上角，表明界面位错中存在位错割阶，该位错割阶的存在有助于位错的攀移。而筏状γ′相内几乎无位错的事实表明，合金在稳态蠕变期间的变形机制主要是位错攀移越过筏状γ′相。

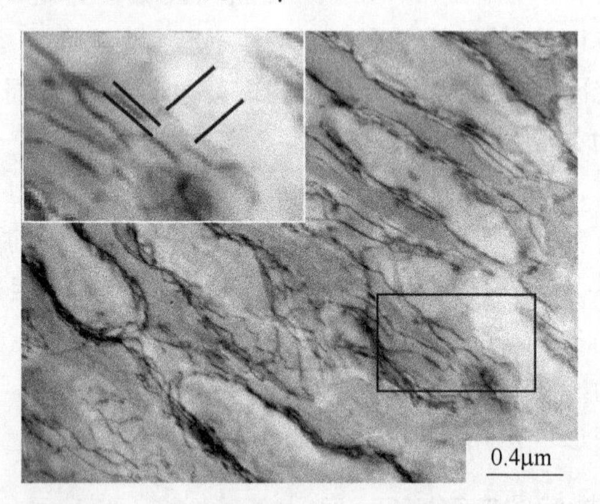

图4-4 位错在{111}晶面沿<110>方向攀移产生的攀移台阶

分析认为，蠕变期间合金基体中的位错运动至γ′相界面，与位错网相遇可发生反应，其位错反应分解的分量改变了原来的运动方向，使其向前攀移至另一滑移面，可减缓蠕变期间产生的应力集中，并使稳态蠕变继续进行。因此，可以认为位错网对合金稳态蠕变期间的形变硬化和回复软化具有重要的协调作用。

合金在137MPa不同温度下蠕变断裂后，在枝晶干区域的微观形貌如图4-5所示，施加应力方向如图中箭头所示。从图4-5中可以看到，合金中的立方γ′相已经完全转化为与应力轴垂直的N-型筏状结构，并且有位错网分布在γ′相及γ基体之间。合金在1020℃/137MPa蠕变220h断裂后的微观形貌如图4-5（a）所示，可以看出，一些切入γ′相的位错如图中长箭头所示，而当一些位错运动的方向垂直于样品的表面时，在样品表面呈现位错露头的点状形态，如图中短箭头所示。该合金中γ′相的厚度尺寸为0.5~0.55μm，两筏状γ′相之间的基体通道宽度为0.13~0.18μm。

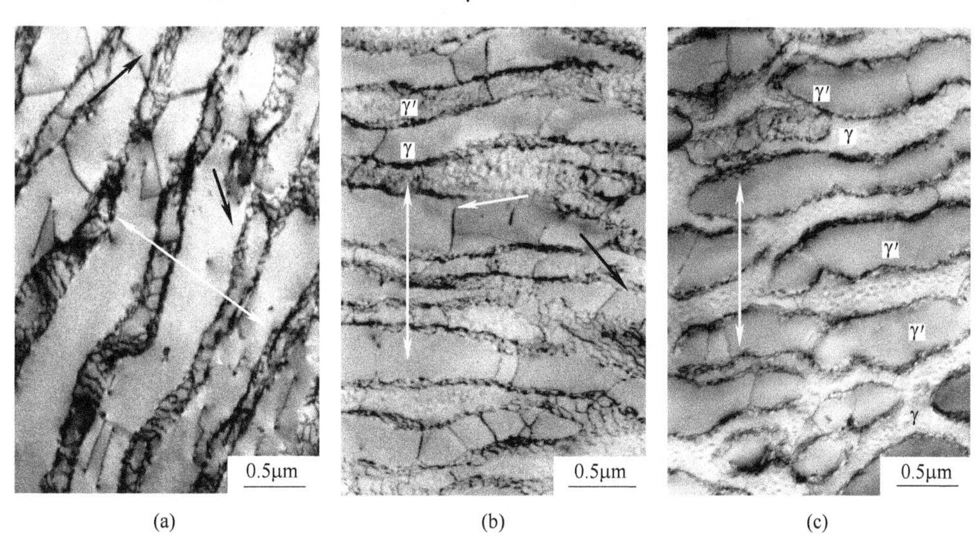

图4-5 合金在137MPa不同温度下蠕变断裂后的微观形貌
（a）1020℃蠕变断裂；（b）1040℃蠕变断裂；（c）1060℃蠕变断裂

合金在1040℃/137MPa蠕变90h断裂后的微观形貌如图4-5（b）所示，切入γ′相的位错与应力轴平行或与应力轴呈45°，分别如图中白、黑箭头所示。且γ′相的厚度尺寸略有减小，为0.43~0.48μm，两筏状γ′相之间的基体通道的尺寸略有增大，为0.18~0.23μm。合金在1060℃/137MPa蠕变30h断裂后的微观形貌如图4-5（c）所示，可以看到，切入γ′相的位错数量较少，这归因于该区域远离断口所致，γ′相的厚度尺寸进一步减小为0.35~0.4μm，两筏状γ′相之间的基体通道进一步增大到0.2~0.25μm。结果表明，随着蠕变温度提高，合金中γ′相的厚度尺寸不断减小，而基体通道的厚度尺寸不断增大。

传统工艺热处理合金经1040℃/137MPa蠕变90h断裂后，不同区域γ、γ′

两相的变形特征如图 4-6 所示。其中施加应力的方向如图中箭头标注所示。在枝晶干区域的变形特征如图 4-6（a）所示，可以看出，蠕变期间在枝晶干区域的 γ′相已由原来规则的立方 γ′相转变成与应力轴垂直的筏状结构。在 γ′/γ 两相界面已出现界面位错网，方框区域的放大形貌示于照片的左下角，可以看出，在枝晶干区域的 γ′/γ 两相界面形成多边形位错网络，该完整规则的位错网对变形期间因位错塞积产生的形变硬化和回复软化具有协调作用，并能减缓位错切入 γ′相，有利于提高合金的持久性能。所以在枝晶干区域切入 γ′相的位错数量较少。

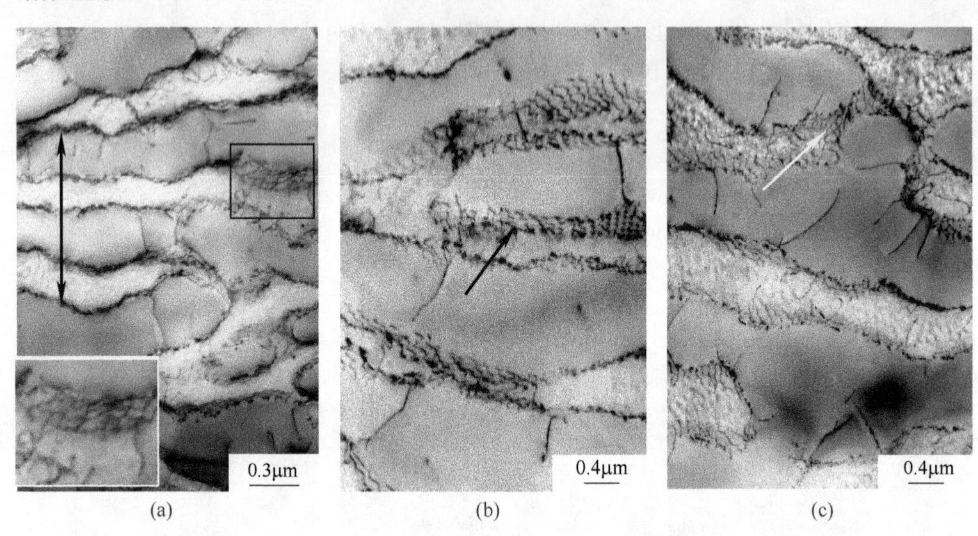

图 4-6　传统工艺热处理合金在 1040℃/137MPa 蠕变 90h 断裂后不同区域的变形特征
（a）枝晶干区域；（b）远离断口枝晶间区域；（c）靠近断口枝晶间区域

合金蠕变断裂后，在远离断口的枝晶间区域其组织形貌示于图 4-6（b），可以看出，该区域的筏状 γ′相的厚度尺寸较大，约为 1.3μm，由于距断口位置较远，所以形变量较小，切入 γ′相的位错数量较少，位错多聚集在 γ′/γ 两相界面区域，并且大部分位错沿某一特定取向呈波浪形状分布，如图中箭头所示。合金蠕变断裂后，在近断口的枝晶间区域其组织形貌如图 4-6（c）所示，由于近断口区域发生了明显的颈缩，变形量较大，尽管一些粗大的 γ′/γ 两相之间仍存在波浪状界面位错网，但在某些 γ′/γ 界面处呈散乱分布，如图中箭头标注所示。结果表明，在蠕变后期位错网已被损坏，在基体中的位错可沿 γ′/γ 两相界面处切入 γ′相。

经 1040℃/137MPa 蠕变 90h 断裂后，合金不同区域的微观组织形貌如图 4-7 所示。其远离断口区域的组织形貌如图 4-7（a）所示，可以看出，合金中的立方 γ′相已经完全转化为与应力轴垂直的筏状结构，其施加应力的方向如图

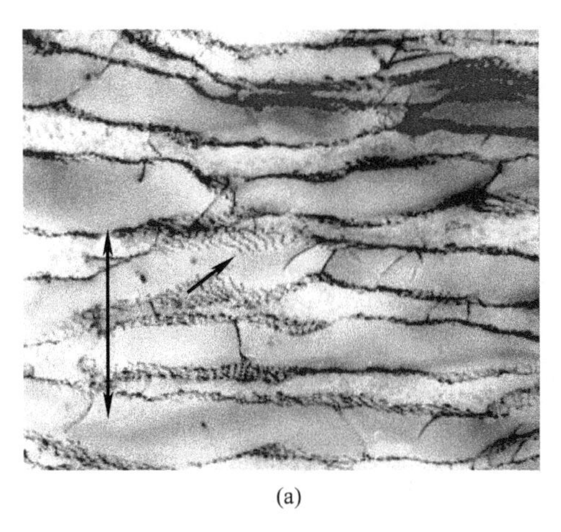

(a)

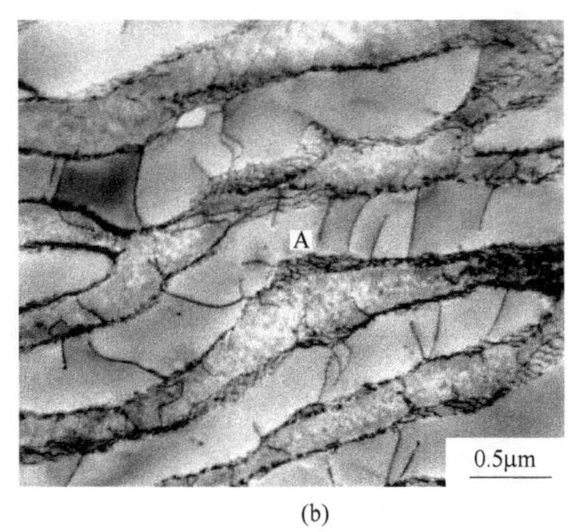

(b)

图 4-7 传统工艺热处理合金在 1040℃/137MPa 蠕变 90h 断裂后枝晶干区域的变形特征
（a）远离断口区域；（b）靠近断口区域

中箭头标注所示。仅有较少的位错切入筏状 γ′相内，这是因为此区域远离断口，受到的有效应力较小，形变量较小所致。且在 γ′/γ 两相之间存在大量界面位错，如图中黑色箭头标注所示。在近断口区域的组织形貌如图 4-7（b）所示，蠕变后期，局部区域的界面位错网已经破损，导致大量位错切入 γ′相，表明此时合金已经失去蠕变抗力。随蠕变进行，合金中发生位错的交替滑移，使筏状 γ′相扭曲程度加剧，如图 4-7（b）中区域 A 所示，并在筏状 γ′相扭曲程度较大的界面形成微裂纹，进一步在 γ′/γ 两相界面发生孔洞的聚集和微裂纹扩展，直至发生合金的蠕变断裂。

4.3.3 位错组态的衍衬分析

经 780℃/700MPa 蠕变 127h 断裂后，合金中 γ′及 γ 基体相内的位错组态如图 4-8 所示，在 γ′相中存在层错，层错两侧为两个不全位错，如字母 A、B 标注所示，剪切进入 γ′相的超位错标注为 C。当衍射矢量 $\boldsymbol{g}=133$ 时，不全位错 A 和不全位错 B 消失衬度，如图 4-8（d）所示，当衍射矢量 $\boldsymbol{g}=020$、$\boldsymbol{g}=\bar{1}13$ 和 $\boldsymbol{g}=1\bar{3}1$ 时，不全位错 A 显示衬度，如图 4-8（a）、（b）和（c）所示，根据 $\boldsymbol{b}\cdot\boldsymbol{g}=0$ 及 $\boldsymbol{b}\cdot\boldsymbol{g}=\pm(2/3)$ 位错不可见判据可以确定，位错 A 是柏氏矢量 $\boldsymbol{b}_A=(1/3)[\bar{1}21]$ 的超肖克莱不全位错。当衍射矢量为 $\boldsymbol{g}=1\bar{3}1$ 时，不全位错 B 显示衬度，如图 4-8（c）所示，当衍射矢量 $\boldsymbol{g}=020$、$\boldsymbol{g}=113$、$\boldsymbol{g}=133$ 时，不全位错 B 消失衬度，如图 4-8（a）、（b）和（d）所示，根据位错、层错不可见判据可以确定，在 γ′/γ 两相界面不全位错 B 是柏氏矢量 $\boldsymbol{b}_B=(1/6)[2\bar{1}\bar{1}]$ 的超肖克莱不全位错。由于位错 A、B 的线矢量分别为 $\boldsymbol{\mu}_A=022$、$\boldsymbol{\mu}_B=202$，

根据$\boldsymbol{\mu}_1 \times \boldsymbol{\mu}_2$，可以确定出不全位错 A 和 B 在（111）面滑移。

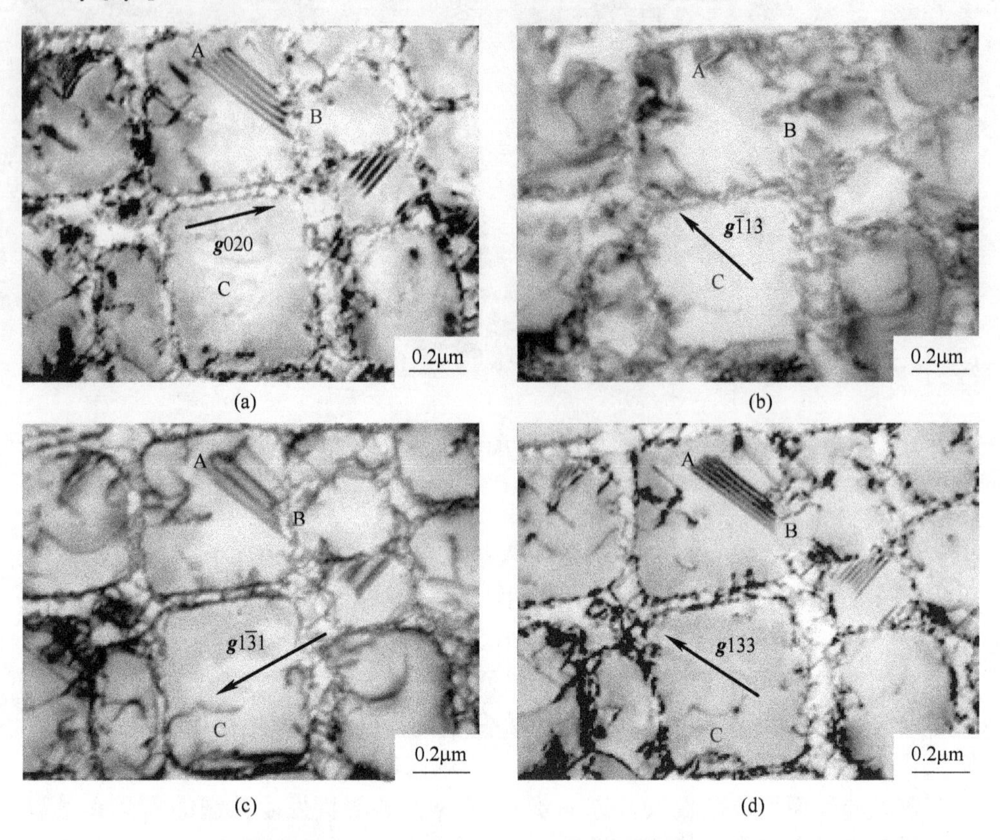

图 4-8　传统热处理合金经 780℃/700MPa 蠕变断裂后 γ′相内的位错组态

（a）$\boldsymbol{g}=020$；（b）$\boldsymbol{g}=\bar{1}13$；（c）$\boldsymbol{g}=1\bar{3}1$；（d）$\boldsymbol{g}=133$

分析认为：当［110］超位错切入 γ′相后，可以沿｛111｝平面分解为两个超肖克莱不全位错，其柏氏矢量$\boldsymbol{b}_B=(1/6)[2\bar{1}1]$和$\boldsymbol{b}_A=(1/3)[\bar{1}21]$。其中，（1/2）［$\bar{1}$01］位错沿界面切入 γ′相，形成两个肖克莱不全位错的分解反应式为：

$$(a/2)[110] \rightarrow (a/3)[\bar{1}21]_A + \mathrm{SISF} + (a/6)[2\bar{1}1]_{B(\mathrm{interface})} \tag{4-1}$$

再则，切入 γ′相中的超位错如图中 C 位错所示。当衍射矢量$\boldsymbol{g}=002$、$\boldsymbol{g}=1\bar{3}1$、和$\boldsymbol{g}=133$时，切入 γ′相而位于照片下端的位错 C 显示衬度，如图 4-8（a）、（c）和（d）所示，当衍射矢量$\boldsymbol{g}=\bar{1}13$时，位错 C 消失衬度，如图 4-8（b）所示。根据位错衬度不可见判据，确定出位错 C 是柏氏矢量$\boldsymbol{b}_C=[110]$的超位错。由于位错 C 的线矢量$\boldsymbol{\mu}=0\bar{2}0$，故位错 C 的滑移面为：$\boldsymbol{b}_C \times \boldsymbol{\mu}=(100)$。

分析认为，位错 C 的初始滑移面应为｛111｝，随着蠕变的进行，位错逐渐由｛111｝面交滑移到（010）面，形成了具有非平面芯结构的 K-W 锁位错组态。该位错锁可抑制位错的交滑移，阻碍位错运动，提高合金的蠕变抗力，因此，可以认为蠕变期间形成的 K-W 锁可以提高合金的蠕变抗力。

传统热处理合金经 1020℃/137MPa 蠕变 220h 断裂后，筏状 γ′相内的位错组态如图 4-9 所示，其中，切入 γ′相的位错分别用字母标注为 E、F、G 和 H。当衍射矢量 $\boldsymbol{g}=1\bar{1}\bar{1}$时，位错 E 消失衬度，如图 4-9（a）所示，当衍射矢量 $\boldsymbol{g}=0\bar{2}2$、$\boldsymbol{g}=020$ 和 $\boldsymbol{g}=20\bar{2}$ 时，位错 E 显示衬度，如图 4-9（b）、（c）和（d）所示，根据 $\boldsymbol{g}\cdot\boldsymbol{b}=0$ 位错不可见判据，可以确定位错 E 是柏氏矢量 $\boldsymbol{b}_E=[01\bar{1}]$ 的超位错。

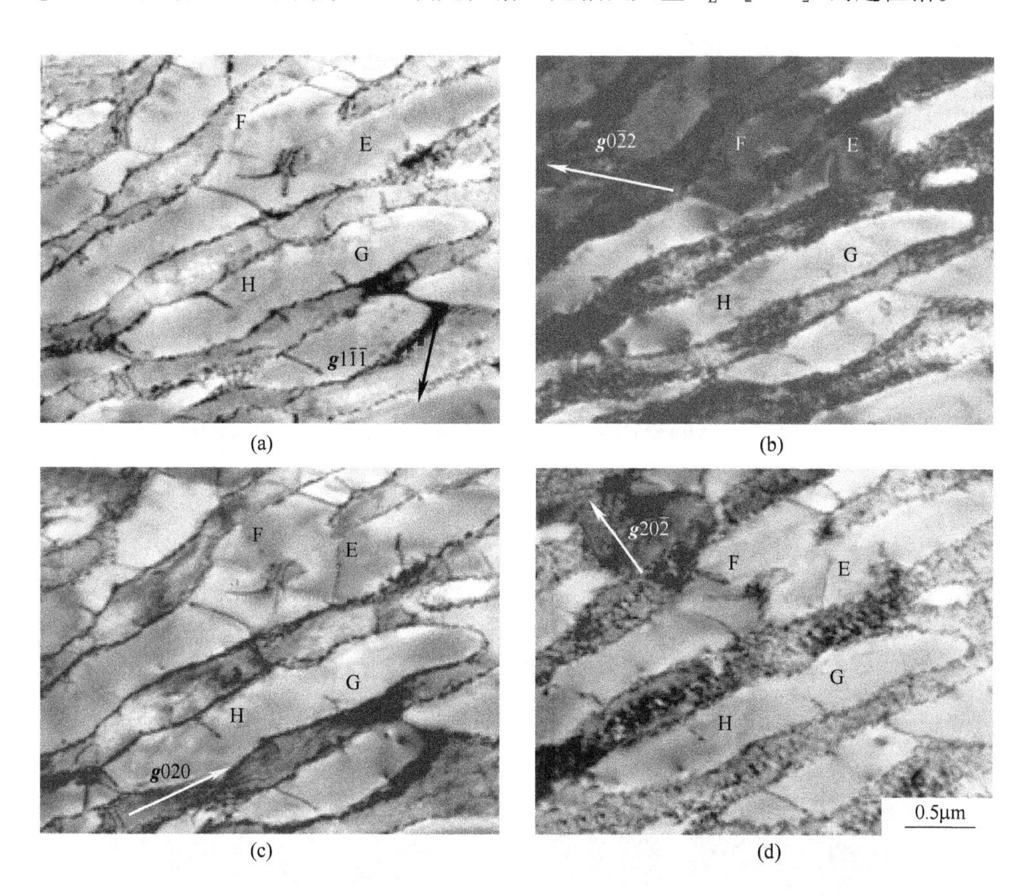

图 4-9 合金经 1020℃/137MPa 蠕变断裂后 γ′相内的位错组态

（a）$\boldsymbol{g}=1\bar{1}\bar{1}$；（b）$\boldsymbol{g}=0\bar{2}2$；（c）$\boldsymbol{g}=020$；（d）$\boldsymbol{g}=20\bar{2}$

当衍射矢量 $\boldsymbol{g}=020$ 时，位错 F 消失衬度，如图 4-9（c）所示，当衍射矢量

$\boldsymbol{g}=1\bar{1}\bar{1}$、$\boldsymbol{g}=0\bar{2}2$ 和 $\boldsymbol{g}=20\bar{2}$ 时，位错 F 显示衬度，如图 4-9（a）、（b）和（d）所示，根据 $\boldsymbol{g}\cdot\boldsymbol{b}=0$ 位错不可见判据，可以确定位错 F 是柏氏矢量 $\boldsymbol{b}_F=[10\bar{1}]$ 的超位错，由于位错 F 的线矢量 $\boldsymbol{\mu}=0\bar{2}2$，由 $\boldsymbol{b}_F\times\boldsymbol{\mu}_F=(111)$，确定出该位错在（111）面滑移。当衍射矢量 $\boldsymbol{g}=0\bar{2}2$ 时，位错 G、H 消失衬度，如图 4-9（b）所示，当衍射矢量 $\boldsymbol{g}=1\bar{1}\bar{1}$、$\boldsymbol{g}=020$ 和 $\boldsymbol{g}=20\bar{2}$ 时，位错 G、H 显示衬度，如图 4-9（a）、（c）和（d）所示，根据 $\boldsymbol{g}\cdot\boldsymbol{b}=0$ 位错不可见判据，可以确定位错 G、H 是柏氏矢量为 $\boldsymbol{b}_G=\boldsymbol{b}_H=[011]$ 的超位错，其中，由于位错 G 的线矢量为 $\boldsymbol{\mu}=\bar{2}20$，由 $\boldsymbol{b}_G\times\boldsymbol{\mu}_G=(111)$，可确定该位错在（111）面滑移。

4.4　蠕变期间的断裂特征

4.4.1　中温蠕变的断裂特征

在 780℃/700MPa 合金蠕变 127h 断裂后的断口形貌如图 4-10 所示，其中，低倍形貌示于图 4-10（a），断口照片中垂直于纸面的方向为［001］，而［100］和［010］方向如图 4-10（a）中箭头标注所示。可以看出，合金的蠕变断口在（001）面呈凹凸不平形态，断口表面由同一取向的平面台阶（示于 A 区域）、平面台阶边缘的方坑和方形台阶状断裂带（B 区域）组成。对蠕变断口的观察表明，合金在蠕变期间裂纹的萌生及扩展，主要发生在晶界区域，如图 4-10（b）中箭头所示。这归因于近晶界区域的 γ′相较为粗大，在中温蠕变期间位错容易在近晶界区域富集，并产生应力集中所致。

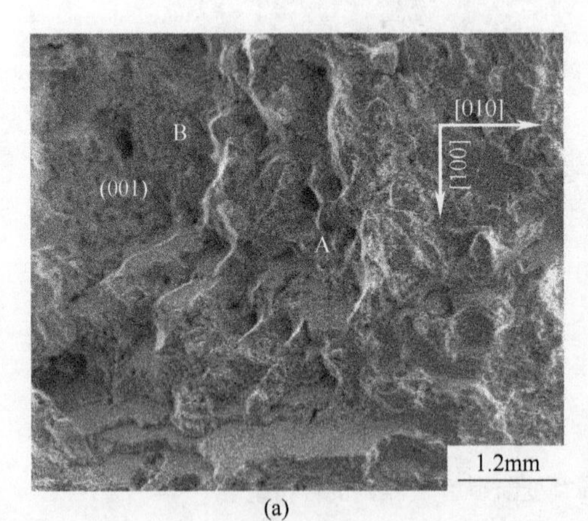

(a)

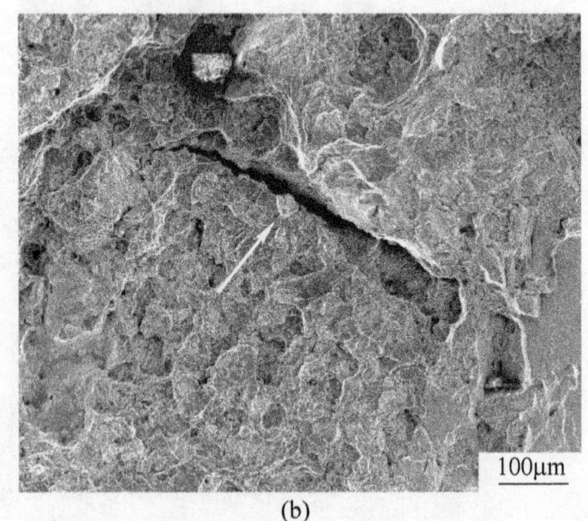

(b)

图 4-10　合金蠕变断裂后的断口形貌

（a）低倍形貌；（b）高倍形貌

经传统工艺热处理后，在780℃/700MPa蠕变断裂后，合金中的共晶组织形貌如图4-11所示，可以看出，共晶组织存在于枝晶间区域的粗大γ′相之中，蠕变期间共晶组织是裂纹萌生和扩展的主要位置。分析认为，在蠕变初期位错主要在基体中滑移，当位错运动到近共晶组织时受阻，产生位错塞积。随着蠕变的进行，合金的变形量加大，塞积的位错可引起应力集中，当应力集中的值大于屈服强度时，可在共晶组织中产生裂纹。另外，由于共晶组织形成于凝固的最后阶段，合金中的杂质和低熔点物质富集于共晶组织的边界区域，使共晶组织成为蠕变过程中的薄弱环节，因此，裂纹容易在共晶组织中产生。

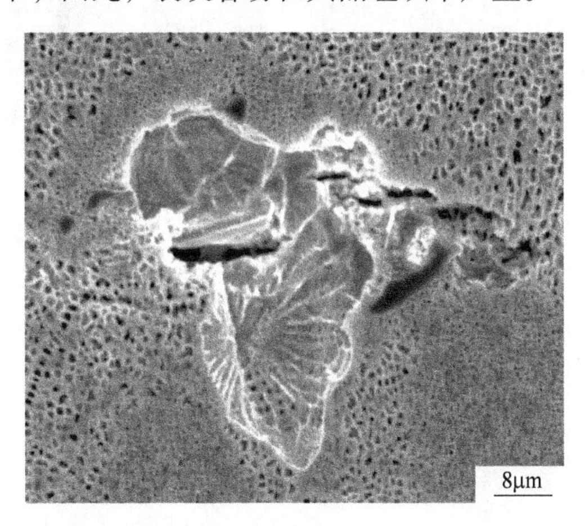

图4-11 蠕变断裂后合金中的共晶组织形貌

经传统工艺热处理后，合金在780℃/700MPa蠕变的加速阶段，在样品表面及内部开始发生裂纹的萌生与扩展，其形貌特征如图4-12所示，施加应力的方向如图中箭头标注所示。可以看出，合金蠕变100h，其应变量已达5.5%，蠕变已经进入加速阶段，此时样品中大部分γ′相仍保持完整的立方体形态，如图4-12（a）所示。在蠕变后期的加速阶段，由于合金的应变及应变速率迅速增大，促使大量位错在基体通道中滑移，当大量位错滑移至晶界，晶界可以阻碍位错的滑移，使位错塞积于近晶界区域，并引起应力集中，如图4-13所示。当应力集中值大于晶界的结合强度时，首先在粗大γ′相与应力轴成一定角度的晶界处发生裂纹的萌生，如图4-12（a）中白色短箭头所示。合金经蠕变断裂后，碳化物的形态并无明显的变化，仍为块状，如图中黑色箭头标注所示。

随着蠕变的进行，微裂纹逐渐沿晶界扩展，并有新的裂纹萌生于晶界，致使合金的应变量增大，当多个萌生于晶界的微裂纹同时沿晶界扩展时，相邻的微孔洞或微裂纹相互连通，形成大裂纹，直至发生合金的蠕变断裂。合金经780℃/700MPa蠕变127h断裂后，在倾斜晶界区域发生多个裂纹的扩展，形成的大裂纹形貌如图4-12（b）所示。研究表明，合金在低温/高应力蠕变期间，裂纹易于

在粗大 γ′相区域沿倾斜晶界发生裂纹的萌生与扩展，其中，沿晶界发生裂纹的萌生与扩展直至蠕变断裂是合金的蠕变断裂机制。表明在中温/高应力条件下，且与基体相比，晶界是合金中蠕变强度较低的薄弱区域。

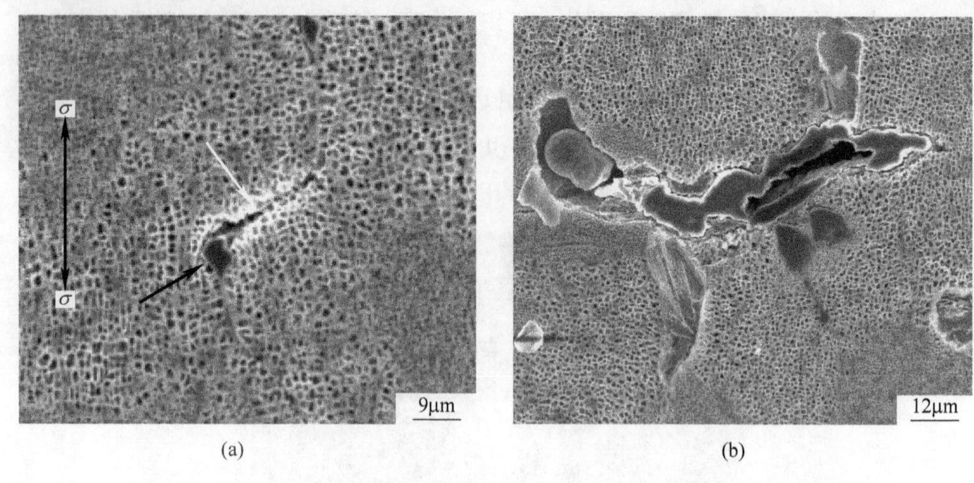

图 4-12　传统工艺热处理合金在 780℃/700MPa 蠕变不同时间的表面形貌

（a）蠕变 100h；（b）蠕变 127h 断裂

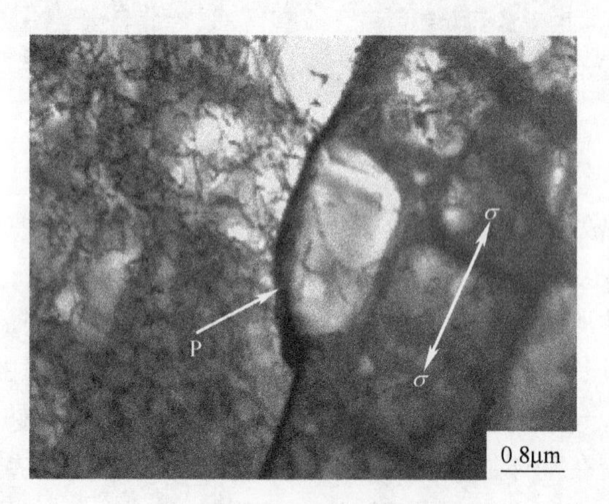

图 4-13　合金在蠕变期间位错在晶界附近产生堆积

4.4.2　高温蠕变的断裂特征

在 1040℃/137MPa 蠕变后期，样品表面发生裂纹萌生与扩展的形貌如图 4-14 所示，样品施加应力的方向如图中箭头所示。合金蠕变 65h 已进入蠕变加速阶段，如图 2-15 所示，其近竖直晶界处裂纹萌生的形貌如图 4-14（a）中白色箭头所示。随蠕变进行至 75h，近竖直晶界处的微裂纹发生沿晶界的扩展，其形貌如图 4-14（b）中白色方框区域所示。

图 4-14（b）中白色方框区域放大形貌示于图 4-14（c），可以看出，立方 γ′相已经完全形成筏状结构，其中，近晶界区域的 γ′相筏状结构发生扭曲，表明与基体相比，合金在高温/低应力条件下，晶界是合金蠕变强度较低的薄弱区域，故随蠕变进行，裂纹首先在合金的晶界处萌生。

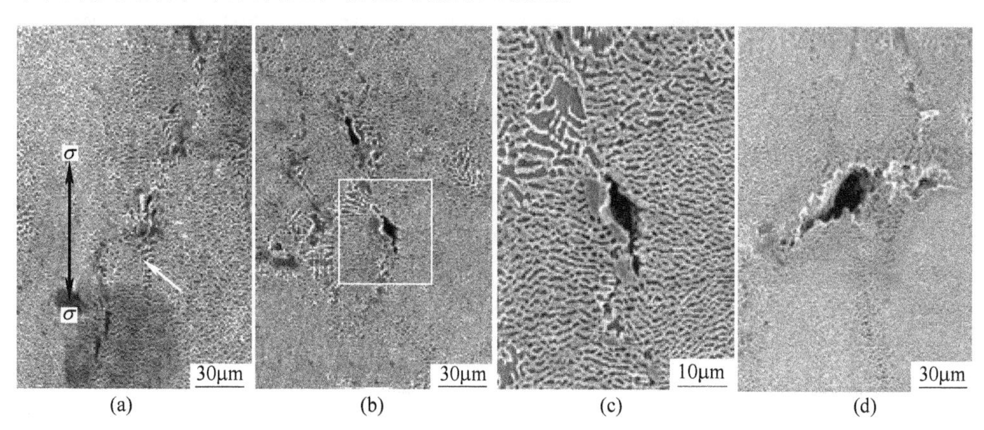

图 4-14　合金在 1040℃/137MPa 蠕变不同时间的表面形貌
（a）蠕变 65h；（b）蠕变 75h 断裂；（c）白色方框放大图；（d）蠕变 90h 后断裂

随着蠕变的进行，微小裂纹不断沿晶界扩展，导致合金的应变量迅速增大，同时，相邻的微孔洞或微裂纹不断增大，直至相互连通，产生更大的裂纹，这是合金的蠕变断裂机制。其中，合金蠕变 90h 断裂后，在倾斜晶界区域裂纹扩展的形貌示于图 4-14（d），由于定向凝固合金中的晶界呈现不规则形态，因此，裂纹可在倾斜晶界处萌生与扩展，且样品发生裂纹沿倾斜晶界的萌生与扩展，其断口形貌呈现非光滑锯齿状形态的事实表明，在高温/低应力蠕变期间，裂纹的萌生与扩展阻力较大，故晶界具有较好的结合强度。

4.5　讨论

4.5.1　位错攀移越过γ′相的理论分析

在稳态蠕变期间，合金中 γ′相已转变成与应力轴垂直的 N-型筏状结构，且无位错切入 γ′相，如图 4-3 和图 4-4 所示，其变形特征是位错在 γ 基体通道中运动，并以攀移方式越过筏状 γ′相。其中，位错攀移是合金稳态期间应变速率的控制环节，且位错的攀移可以通过割阶沿位错线运动而逐步实现。随着蠕变的进行，合金的变形量不断增加，当在基体通道中滑移的位错运动至筏状 γ′相受阻时，在施加应力和热激活能的作用下可攀移至另一滑移面，并继续沿相同方向运动[117]。特别是基体中运动的位错与界面位错网相遇可发生反应，改变其运动方向，并促使位错发生攀移越过筏状 γ′相[118]。其中，位错攀移以位错线沿割阶的运动而实现，由于割阶运动伴随着空位的迁移，因此，空位浓度与割阶浓度成正比。

如果认为位错的攀移与空位的扩散相关，则可用空位的扩散流表达位错的攀移速率。由于合金在稳态蠕变期间的应变速率正比于位错攀移的速率和施加的应力值，而反比于位错攀移的高度，由此，可推导出稳态蠕变期间合金的应变速率与施加应力、位错攀移高度的关系式。

正应力作用于刃位错，使刃位错在 γ'/γ 两相界面的 {111} 面沿<110>方向滑移，位错运动受阻后，向前攀移至另一 {111} 滑移面，并继续沿相同方向滑移，位错运动过后，留下一与位错线垂直的割阶，同时伴随有空位的扩散。其中多组刃位错通过割阶沿位错线运动而实现攀移的形貌如图 4-4 所示，且每一位错线有多个攀移台阶，可把 γ'/γ 两相界面形成的位错割阶视为位错攀移的高度。

$$C_i = \frac{b}{x} = \exp\frac{-U_i}{kT} \tag{4-2}$$

式中，C_i为割阶浓度；U_i为割阶形成能；k 为玻耳兹曼常数；T 为绝对温度。

根据图 4-4 测定出割阶的平均高度 $b=88$nm，且割接的平均距离 $x=266.6$nm，将其代入式（4-2），求出割阶的形成能为 9.59J/mol。进一步分析认为：合金在稳态蠕变期间发生位错攀移时，位错的割阶易于形成，空位的形成和扩散是位错攀移的控制性环节。因为空位浓度（C_o）正比于割接浓度，故可以表示为：

$$C_o \propto C_i = A'\exp\left(-\frac{U_i + U_v}{kT}\right) \tag{4-3}$$

式中，U_v为空位形成能；A'为常数。

因此，位错攀移的速率可用空位的扩散流表示。在单位长度的位错线上，空位扩散的流量可以表示为：

$$J = D_v C_o n\sigma B^3 = A' D_v n\sigma B^3 \exp\left(-\frac{U_i + U_v}{kT}\right) \tag{4-4}$$

式中，D_v为空位的扩散系数；C_o为晶体中的空位浓度；B^3为一个空位的体积；n 为塞积群中的位错个数。

外力与塞积位错群引起的张力达平衡时，领先位错攀移的速率为：

$$V = A''J = A''D_v n\sigma B^3 \exp\left(-\frac{U_i + U_v}{kT}\right) \tag{4-5}$$

式中，A''为常数。

位错攀移越过高度为 h 的筏状 γ'相所需临界应力值为：

$$\sigma = \frac{\mu \boldsymbol{b}}{8\pi(1-\nu)h} \tag{4-6}$$

式中，μ 为剪切模量；$\boldsymbol{b}$ 为柏氏矢量；ν 为泊松比。

塞积群中位错数量 n 正比于位错攀移的临界应力（$n \propto \sigma$），将其代入位错攀移的速率方程后，领先位错攀移的速率可表达为：

$$V = \frac{A'' D_v B^3 (\mu \boldsymbol{b})^2}{[8\pi(1-\nu)h]^2} \exp\left(-\frac{U_i + U_v}{kT}\right) \tag{4-7}$$

由于稳态期间应变速率（ε）与位错的攀移速率和施加应力成正比，与攀移的距离（h）成反比，因此，合金在稳态期间的应变速率可以表示为：

$$\dot{\varepsilon} = A''\left(\frac{V}{h}\right) = \frac{A D_v B^3 (\mu \boldsymbol{b})^2}{(1-\nu)^2 h^3} \exp\left(-\frac{U_i + U_v}{kT}\right) \tag{4-8}$$

式中，A 为修正后的常数。

由式（4-8）可以得出结论，合金稳态期间的应变速率与空位的扩散系数（D_v）和晶体中的空位浓度（C_o）成正比，与攀移的距离（h^3）成反比。研究表明，空位的扩散系数（D_v）和晶体中的空位浓度（C_o）随着温度的增加而增加，可提高合金在蠕变过程中的应变速率。然而，值得注意的是 γ′相的尺寸也是温度的函数，当蠕变温度超过一个临界值并进一步增大时，由于 γ′相发生溶解，使筏状 γ′相的体积分数减少。这在很大程度上可以减小位错攀移的高度（h），故可增加合金的应变速率。

合金在 1020℃蠕变断裂后，γ′相的厚度约为 0.55μm，如图 4-5 所示，随着蠕变温度提高到 1040℃ 和 1060℃，合金蠕变断裂后，γ′相的厚度分别约为 0.45μm 和 0.37μm，如图 4-5 所示，结果表明，随蠕变温度提高，合金中的 γ′相发生溶解，可减小 γ′相的尺寸。因此，随着蠕变温度从 1020℃提高到 1060℃，合金在稳态期间的蠕变抗力逐渐降低，致使应变速率提高，蠕变寿命逐渐减少。

此外，从图 4-3 和图 4-4 可以看出，合金在高温蠕变期间，γ′相形成筏状组织后，在 γ′/γ 两相界面形成位错网，其位错网由运动位错发生反应而形成，是不动位错。当基体通道中的位错在施加应力的条件下运动至位错网时，与位错网发生反应，可改变其运动方向，并促使位错攀移越过 γ′相。由于位错网在合金稳态蠕变期间对产生的形变硬化和回复软化具有协调作用，因此，位错网可以减缓应力集中，提高合金的蠕变抗力。

合金的蠕变进入稳态阶段后，位错在基体中滑移受阻，并塞积于近 γ′相界面区域，引起应力集中，可导致位错从区域 A 攀移到区域 B，其示意图如图 4-15 所示。随着蠕变的进行，在最大剪切应力作用下，大量的位错在基体通道中移动，并且沿着与应力轴成 45°的方向滑动，如图 4-15 中区域 B 所示。使位错继续从区域 B 向区域 C 移动，并随蠕变进行，上述过程重复进行，可促使位错不断从区域 A 攀移至区域 B，完成位错的攀移过程。从图 4-15 中可以看出，位错攀移的高度至关重要，是影响合金稳态蠕变期间应变速率的重要环节[66]。

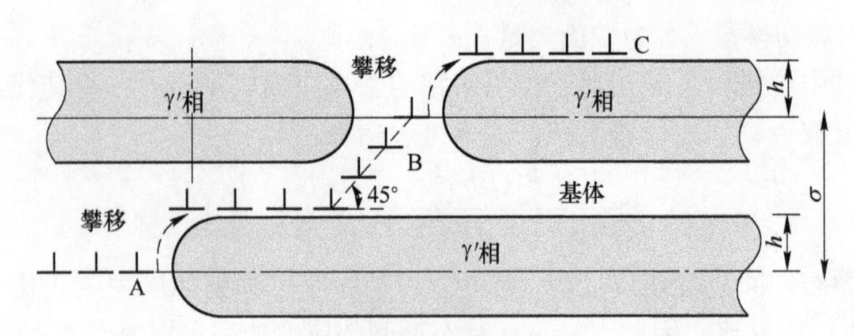

图 4-15　位错滑移或攀移越过筏状 γ′相的示意图

4.5.2　位错运动的阻力

与 γ′相相比，γ 基体相具有较弱的强度，因此，合金的蠕变抗力主要取决于 γ 基体中的难熔元素的含量，合金的蠕变抗力，随着难熔元素含量的增大而提高。合金的蠕变抗力与难熔元素含量之间的关系可以表示为[119]：

$$\sigma_{ss} = AC^{1/2} \tag{4-9}$$

式中，A 为常数；C 为 γ 基体难熔元素的含量。

根据式（4-9）可知，随着 W、Mo、Cr 和 Co 等难熔元素大量溶解于 γ 基体中，可使合金的蠕变抗力大幅度提高[120]。

具有 $L1_2$结构的 γ′相是合金的主要强化相，其高体积分数的 γ′相可以有效阻碍位错运动，在蠕变初期和蠕变中期，合金的变形机制主要是位错在 γ 基体中滑移，因此，随着 γ 基体中难熔元素含量增加，位错在 γ 基体中运动的阻力增大。随着蠕变的进行，当大量位错在基体中滑移时，位错之间由于位错线应力场的相互作用，而增大位错运动的阻力。其位错线应力位错场作用对位错运动的阻力可以表示为[121]：

$$\tau_{dis} = \frac{\mu b}{8\pi(1-\nu)h} \tag{4-10}$$

式中，μ 为合金的剪切模量；b 为 Burgers 矢量的模；h 为两位错线之间的距离；ν 为泊松比。

从式（4-10）可知，随着位错线之间的距离减小，合金中位错运动的抗力增加。特别是在蠕变初期，大量位错在 γ 基体中滑移，位错线之间的应力场作用可增加位错运动的阻力，降低合金的蠕变速率，从而使合金进入蠕变稳态阶段。

4.5.3　在中温蠕变期间断裂特征的理论分析

在蠕变后期，合金的应变量逐渐增大，大量位错从 γ 基体滑移至 γ′相界面受阻，产生应力集中。随着蠕变进行集中应力逐渐加大，达到 γ′相屈服临界值时，位错可以剪切进入 γ′相。切入 γ′相的位错使 γ′相内的原子排列发生变化，形成剪切带，当滑移带与应力轴呈 45°角时，两个垂直的滑移带相互交替开动，致使裂纹在 γ/γ'两相垂直的滑移带相交处萌生，如图 4-16 所示。图中双箭头方向为施加的应力轴。

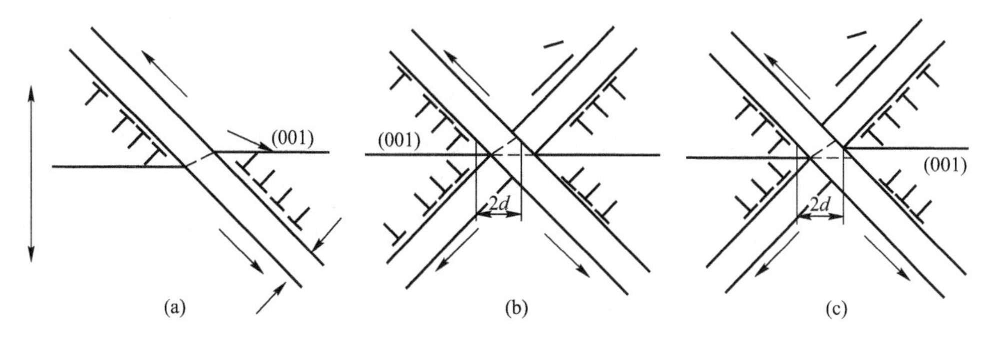

图 4-16 蠕变后期 γ/γ'两相裂纹萌生示意图

（a）激活的单一滑移带；（b）双滑移带的交互作用；（c）主滑移带再次激活

图 4-16（a）为单一滑移带被激活的示意图，滑移带的宽度一般约为几个原子的宽度，用字母 A 表示，该滑移带与应力轴约呈 45°角。图 4-16（b）为双滑移带的交互作用示意图，主滑移系首先开动，随着蠕变的进行，次滑移系逐渐开动切割主滑移系。图 4-16（c）为主滑移带再次激活示意图，次滑移系和主滑移系随着蠕变的进行依次相互切割。

分析认为，随着蠕变进行，次滑移系和主滑移系相互切割产生应力集中，裂纹及空位的产生可以释放应力较大区域尖端的应力，这是非热激活的过程。在蠕变过程中，裂纹是否形成及形成之后的稳定性主要取决于裂纹所需的能量。形成尖端裂纹所需能量为：

$$\Delta W = \Delta W_G + \Delta W_S + \Delta W_E + \Delta W_P$$

式中，ΔW_G 为裂纹位移能量变化；ΔW_S 为表面能变化量；ΔW_E 为弹性应变能的变化量；ΔW_P 为势能变化量。

形成长度为 $2d$ 的细长裂纹所需的能量为：

$$\Delta W = \frac{\mu a^2}{4\pi(1-\nu)}\ln\left(\frac{2L}{c}\right) + 2hc\,\frac{\pi(1-\nu)\sigma^2 c^2}{2\mu} - \sigma ad \tag{4-11}$$

式中，μ 为剪切模量；ν 为泊松比；h 为比表面能；σ 为施加的应力。

当系统的自由能达最小值时刚好可以提供相应的能量，使微小裂纹稳定存在，裂纹可以稳定存在的最小长度（c）由下式表示：

$$c = \frac{Gh}{\pi(1-\nu)\sigma^2}\left[1 - \frac{\sigma a}{2h} \pm \left(1 - \frac{\sigma a}{h}\right)^{1/2}\right] \tag{4-12}$$

根据式（4-12）可以得到，当 $\sigma > h/a$ 时，裂纹的扩展可以发生。该公式为裂纹是否萌生及萌生之后的稳定性给出了理论依据。

4.6　本章小结

本章通过对 DZ125 定向凝固合金进行不同条件下的蠕变性能测试、组织形貌观察，结合位错组态的衍衬分析，考查了合金在不同条件下蠕变期间 γ′相的演化规律，研究了合金微观变形机制。得出的主要结论如下：

（1）在中温/高应力蠕变期间，合金的变形机制是位错在 γ 基体中滑移和剪切 γ′相，其中，剪切进入 γ′相的位错可以分解，形成两个肖克莱不全位错加层错的位错组态，特别是切入 γ′相的超位错可以由 ｛111｝ 面交滑移至 ｛100｝ 晶面，形成具有非平面芯的 K-W 锁，可以有效抑制位错在 ｛111｝ 面滑移，提高合金的蠕变抗力。

（2）在高温/低应力的蠕变初期，合金在稳态蠕变期间的变形机制是位错在基体中滑移和攀移越过 γ′相，在位错攀移期间，位错的割阶易于形成，空位的形成和扩散是位错攀移的控制环节。

（3）高温蠕变后期，合金的变形机制是位错在基体中滑移和剪切进入筏状 γ′相，且在 ｛111｝ 面滑移。蠕变期间，分布在 γ′/γ 两相界面的六角形或四边形位错网络，可释放晶格错配应力，减缓应力集中，提高合金的蠕变抗力。

（4）高温蠕变后期，合金中的裂纹首先在晶界处萌生与扩展，且不同形态的晶界具有不同的损伤特征，其中，沿应力轴呈 45°角的晶界承受较大剪切应力，是易于发生裂纹萌生与扩展，促进蠕变损伤的主要原因。

5 长寿命条件下的蠕变行为

5.1 引言

尽管人们对镍基高温合金在短时蠕变期间的蠕变行为及微观变形机制的研究较为广泛[122, 123]，但针对各种军用及民用飞机发动机的高温热端部件需要长寿命而言，其长寿命热端部件在高温服役期间的蠕变行为与微观变形机制之间的相互关系，特别是长寿命热端叶片部件（定向凝固合金）在高温服役条件下蠕变行为与其工程应用安全性的关系并不清楚。因此，与合金的短时寿命（一般蠕变时间小于 500h）相比较，研究该合金在长寿命服役条件下（一般蠕变时间大于 1000h）蠕变不同时间的组织演化规律、微观变形特征，以及合金在长寿命服役条件下宏观蠕变行为与微观变形机制的依赖关系十分必要。

由于不同成分合金中 γ'相和 γ 相具有不同的晶格参数，且在 γ/γ'两相之间具有较大的错配应力，γ/γ'两相之间的错配应力和蠕变期间的施加应力是位错运动的主要驱动力，另外，合金中 γ、γ'两相的晶格错配度表示共格界面的应变状态，不同的错配度具有不同的应变状态，因此，错配度是影响合金蠕变抗力及力学性能的重要因素。合金的种类及状态决定了合金的错配度，不同合金及同一合金在不同状态下其晶格常数及错配度各不相同。单晶合金中 γ'、γ 两相的晶格常数及错配度已被研究得较为透彻[124, 125]，但 DZ125 合金的晶格常数及错配度，尤其是长寿命服役条件下，合金蠕变不同时间 γ/γ'两相的晶格常数及错配度之间的关系并无报道。

据此，本章通过对 DZ125 合金进行长寿命服役条件下的蠕变性能测试，及微观组织形貌观察，并计算合金在蠕变不同时间 γ/γ'两相晶格常数及错配度，研究合金在长寿命服役条件下的组织演化特征与规律，研究蠕变时间对合金晶格错配度及变形机制的影响规律，为该合金在长寿命服役条件下的寿命预测提供理论依据，以推进其在先进航空发动机中的应用。

5.2 实验方法

5.2.1 蠕变性能测试

将传统工艺热处理合金加工成图 2-1 所示的试样，在 980℃、90MPa 条件下进行蠕变性能测试，直至蠕变 9740h 发生断裂，然后分别在相同条件下蠕变 500h、1000h、2000h、3000h 终止实验，观察合金的组织形貌，考察合金在蠕变不同时间情况下的组织演化特征与变形机制。

5.2.2　组织形貌观察

将蠕变不同时间的合金经研磨、抛光、腐蚀后，在扫描电子显微镜下观察合金中 γ' 相的形态及尺寸的变化。然后，将样品经线切割加工成 0.5mm 厚的薄片，再研磨至约 60μm，并对样品在近 -25℃ 条件下进行双喷电解减薄，其使用的电解液成分为：7%高氯酸（$HClO_4$）+ 93 %乙醇（C_2H_6O）。减薄后的样品在 TECNAI-20 型透射电镜（TEM）下，进行微观组织形貌观察。

5.2.3　晶格常数的测算

样品在 980℃、90MPa 条件下分别蠕变 500h、1000h、2000h、3000h 后，进行室温 X 射线衍射谱线测定。由于 γ/γ' 两相的晶格常数相近，故 XRD 谱线中的衍射峰为 γ/γ' 两相衍射峰的叠加组成，根据 γ/γ' 两相体积分数的差别，采用专业软件将确定角度的衍射峰进行峰分离，由此确定出两相衍射峰各自的 2θ 角，根据式（5-1）可求出 γ/γ' 两相各自的晶面间距，再根据式（5-2）和式（5-3），计算出合金蠕变 500h、1000h、2000h、3000h 后，γ/γ' 两相的晶格常数及晶格错配度，进而考察合金在长寿命服役条件下，γ'、γ 两相晶格常数及错配度的变化规律。在 X 射线测定中，使用 Cu 靶，其波长 $\lambda = 0.15406$nm。

$$2d\sin\theta = \lambda \tag{5-1}$$

$$a = d\sqrt{h^2 + k^2 + l^2} \tag{5-2}$$

$$\delta = \frac{2(a_{\gamma'} - a_{\gamma})}{a_{\gamma'} + \alpha_{\gamma}} \times 100\% \tag{5-3}$$

5.3　实验结果与分析

5.3.1　长期服役条件下的蠕变特征

在 980℃施加 90MPa 条件下测定的合金蠕变曲线如图 5-1 所示，可以看出合金的蠕变分为 3 个阶段，即蠕变初期阶段、稳态阶段和加速阶段。合金在初期蠕变阶段的瞬间应变量较小，持续时间约为 110h；测定出合金在稳态蠕变期间的应变速率为 0.000106%/h，蠕变至 6000h 仍处于稳态阶段，蠕变至 9714h 后发生蠕变断裂，结果表明，合金在长寿命服役条件下具有良好的蠕变抗力和蠕变寿命。

为了研究 DZ125 合金在长寿命服役条件下，蠕变不同时间的变形特征及组织演化规律，将合金在 980℃、90MPa 分别蠕变 500h、1000h、2000h 和 3000h，蠕

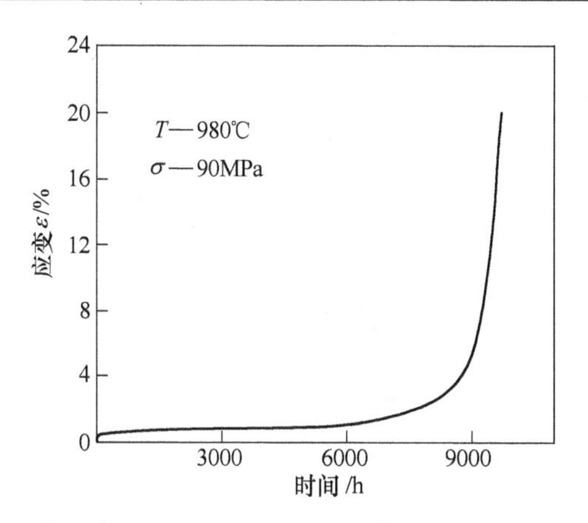

图 5-1 合金在 980℃/90MPa 长寿命条件下测定的蠕变曲线

变至规定时间停止实验，并分别绘制出该条件下合金蠕变不同时间的曲线，示于图 5-2（a）~（d），根据各自的蠕变曲线，分别测算出合金在 500h、1000h、2000h 和

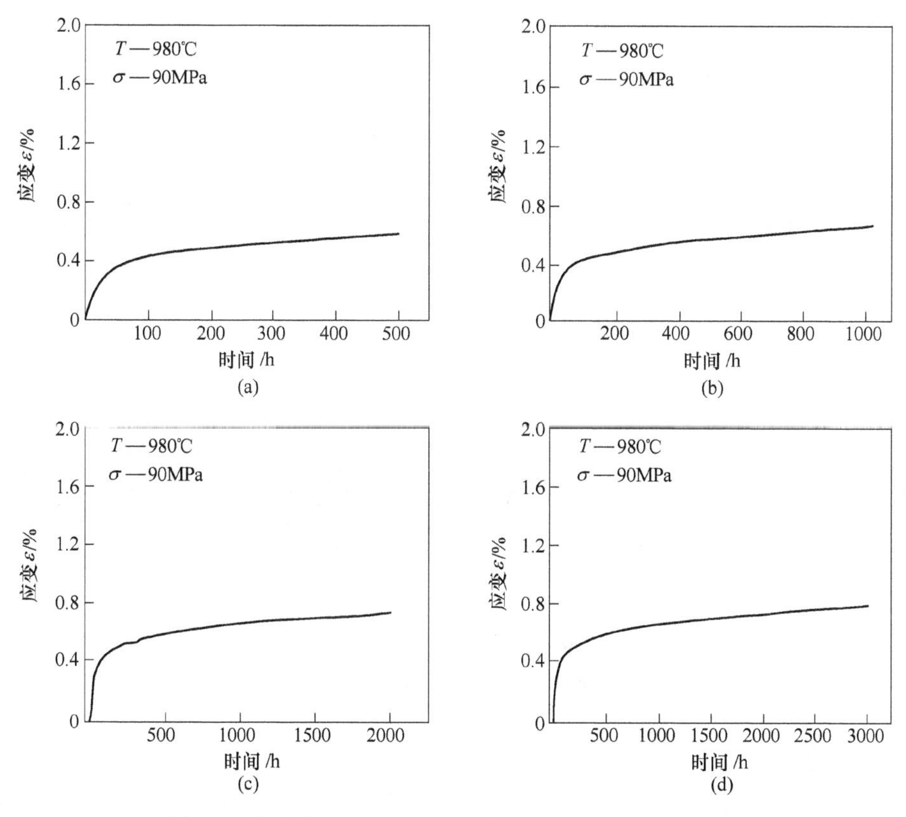

图 5-2 合金在 980℃/90MPa 下蠕变不同时间的蠕变曲线

（a）蠕变 500h；（b）蠕变 1000h；（c）蠕变 2000h；（d）蠕变 3000h

3000h 稳态蠕变期间的应变速率为：0.000382%/h、0.000255%/h、0.000146%/h 和 0.000115%/h，蠕变不同时间的应变量分别为：0.60%、0.65%、0.71% 和 0.77%。结果表明，在 980℃低应力服役条件下，合金在稳态蠕变期间具有较小的应变量，合金蠕变 3000h 后，仍处于稳态阶段，故满足合金在长寿命服役条件下的使用要求。

5.3.2　长寿命服役条件下的组织演化

将分别蠕变 500h、1000h、2000h、3000h 的样品，经电解深度腐蚀后，在 SEM 下观察组织形貌，并分析合金的组织演化特征，研究合金在长寿命服役条件下蠕变不同时间的组织演化规律。

合金在 980℃/90MPa 蠕变 500h 后，样品不同区域的组织形貌如图 5-3 所示，图 5-3（a）为试样肩部低应力区域 A 的形貌，可以看出，在此区域合金中原立方 γ′相边角发生钝化，并且有少数 γ′相转化为类球状，如图中箭头所示，并且 γ′相的尺寸增大至 0.5～0.6μm；区域 B 是肩部和工作段之间的过渡区，该区域的 γ′相已经开始相互连接，形成串状结构，并且 γ′相有进一步长大的趋势，如图 5-3（b）所示；由于在工作段区域合金受力较大，变形量也较大，因此，立方 γ′相已完全转变为与应力轴方向垂直的 N-型筏状结构，筏状 γ′相的厚度尺寸约为 0.7μm，其形貌如图 5-3（c）所示。

(a)　(b)　(c)

图 5-3　合金在 980℃/90MPa 蠕变 500h 后试样不同区域的组织形貌

（a）区域 A；（b）区域 B；（c）区域 C

合金在 980℃/90MPa 蠕变 1000h 后，样品不同区域的组织形貌如图 5-4 所示，图 5-4（a）为试样肩部低应力区域 A 的形貌，可以看出，合金在此区域的 γ′相已明显长大，并相互连接，部分 γ′相的尺寸约为 0.8μm；区域 B 是肩部和工作段之间的过渡区，在此区域立方 γ′相已完全转变为平直的 N-型筏状结构，筏

状 γ′相的尺寸约为 0.8μm，如图 5-4（b）所示；区域 C 为工作段区域，在此区域 γ′相依然为 N-型筏状结构，并且尺寸均匀约为 1μm，其形貌如图 5-4（c）所示。与蠕变 500h 试样相比，γ′相筏形化区域上移，筏状 γ′相形态相近，厚度尺寸明显增加。

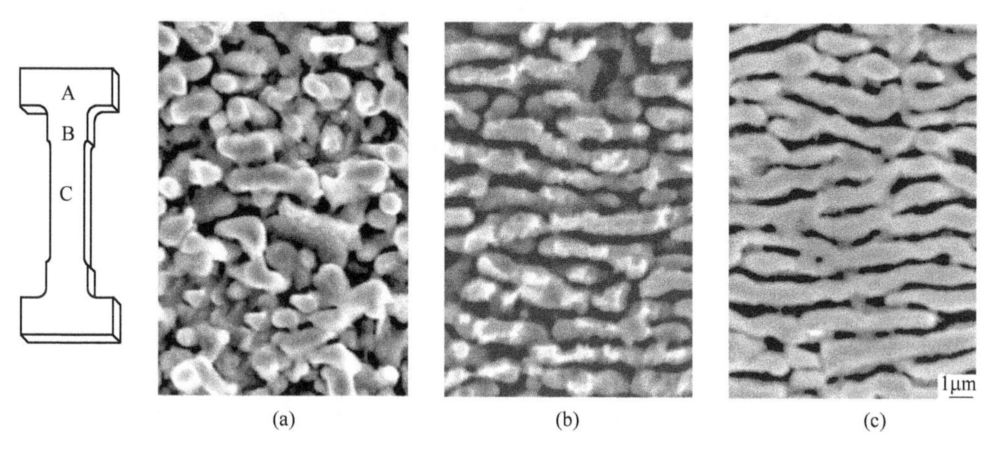

图 5-4 蠕变 1000h 合金不同区域的组织形貌

（a）区域 A；（b）区域 B；（c）区域 C

合金在 980℃/90MPa 蠕变 2000h 后，样品不同区域的组织形貌如图 5-5 所示，图 5-5（a）为试样肩部低应力区域 A 的形貌，可以看出，在此区域合金中的部分 γ′相已沿水平或垂直方向相互连接，形成串状结构，其厚度约为 1.2μm，但仍然有较小的球形 γ′相单独存在；区域 B 是肩部和工作段之间的过渡区，在此区域，γ′相已完全转变为 N-型筏状结构，其尺寸约为 1.2μm，但筏状 γ′相的

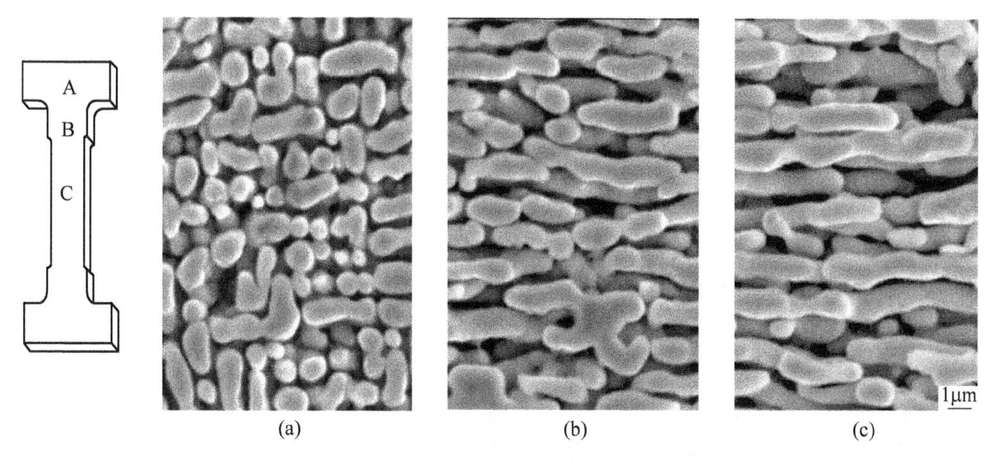

图 5-5 合金蠕变 2000h 后样品不同区域的组织形貌

（a）区域 A；（b）区域 B；（c）区域 C

长度较短，如图 5-5（b）所示。区域 C 为工作段区域，可以看出，该区域和区域 B 相似，γ′相已完全转变成 N-型结构，并且长度尺寸增加，且规则排列、尺寸均匀，其厚度尺寸进一步增大至约 1.2μm，与区域 B 尺寸相近，其组织形貌如图 5-5（c）所示。

在 980℃/90MPa 合金蠕变 3000h 后，样品在不同区域的组织形貌如图 5-6 所示，由图 5-6（a）可以看出，在试样肩部承受较小应力区域 A，在较小应力下热暴露 3000h，合金中的 γ′相已沿水平或垂直方向相互连接，形成串状结构，其 γ′相的尺寸约为 1.5μm。区域 B 是肩部和工作段之间的过渡区，在此区域，γ′相已转变为完整的 N-型筏状结构，其尺寸与区域 A 相近，约为 1.5μm，但仍有一些短小尺寸的筏状 γ′相存在，如图 5-6（b）所示，但与图 5-5（b）相比，其长度尺寸稍有增加。在工作段承受较大应力的区域 C，其形成的 N-型筏状 γ′相较为完整，短小尺寸的筏状 γ′相已经消失，且厚度尺寸约为 1.5μm，排列规则，其组织形貌如图 5-6（c）所示。

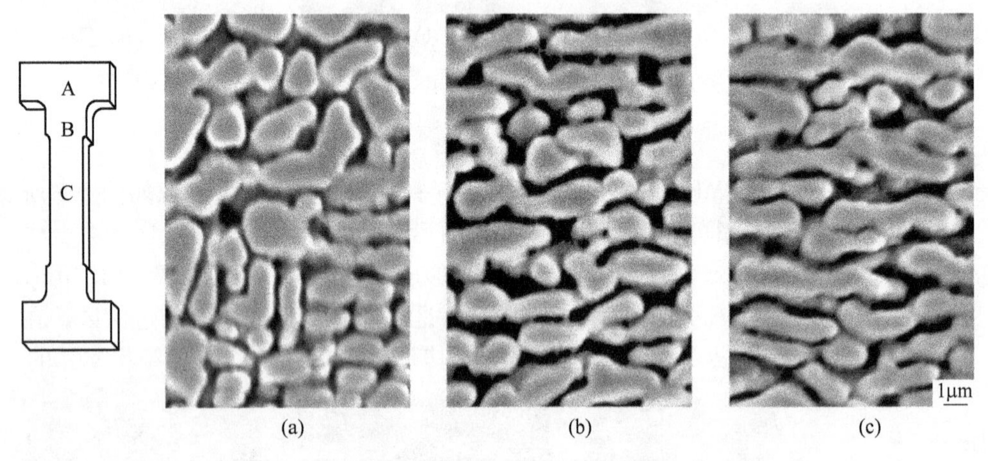

图 5-6　合金蠕变 3000h 后样品不同区域的组织形貌

（a）区域 A；（b）区域 B；（c）区域 C

980℃/90MPa 蠕变 9714h 断裂后样品（100）面不同区域的组织形貌如图 5-7 所示。图 5-7（a）所示为样品观察区域 A 的示意图，区域 B 中筏状 γ′相的取向与应力轴垂直，筏状 γ′相的厚度尺寸约为 1.47μm，其形貌如图 5-7（b）所示。区域 C 中的筏状 γ′相厚度尺寸略增加至 1.6μm，但形态较为扭曲，如图 5-7（c）所示。在近断口的区域 D，筏状 γ′相的扭曲程度增大，厚度尺寸已增加至约 1.7μm，见图 5-7（d）。图 5-7（e）所示为断口区域 E 的组织形貌。由图 5-7（e）可以看出，筏状 γ′相的厚度尺寸已增大至约 1.8μm，由于该区域发生颈缩，形变量较大，故筏状 γ′相粗化及扭曲程度加剧，筏状 γ′相的取向与应力轴的夹角约为 45°，其中，部分筏状 γ′相尺寸较短，应归因于该区域发生较大的塑性变

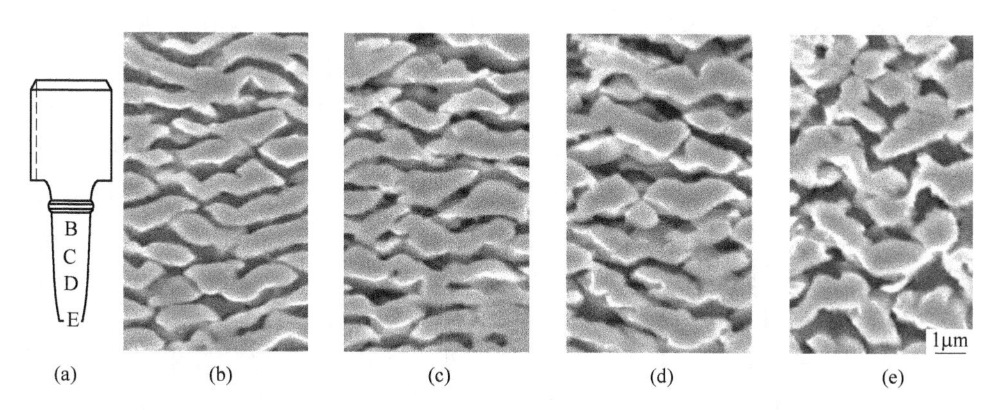

图 5-7 经 980℃/90MPa 蠕变 9714h 至断裂后样品不同区域的组织形貌

（a）样品示意图；（b）B 处组织结构；（c）C 处组织结构；（d）D 处组织结构；（e）E 处组织结构

形，使其折断所致。

合金经完全热处理后，经 980℃/90MPa 蠕变 500h、1000h、2000h、3000h 及 9714h 直到断裂后样品中间及近断口区域 γ′相的形态及尺寸如图 5-8（a）~（f）所示。可以看出，经完全热处理后，合金枝晶干区域的组织结构是立方 γ′相以

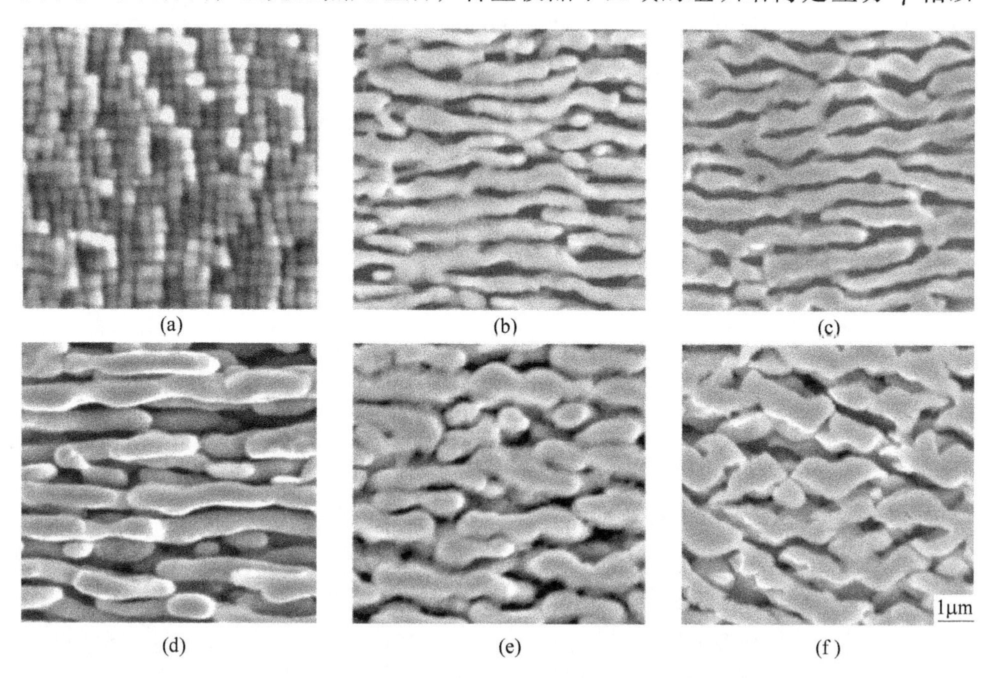

图 5-8 合金经 980℃/90MPa 蠕变不同时间后（100）面的组织形貌

（a）完全热处理；（b）蠕变 500h；（c）蠕变 1000h；（d）蠕变 2000h；
（e）蠕变 3000h；（f）蠕变 9714h 断裂后

共格方式嵌镶在 γ 基体中，其立方 γ′相棱边尺寸约为 0.4μm。蠕变 500h、1000h、2000h 后，样品（100）面中 γ′相已转变成断续的筏状结构，且筏状 γ′相较为平直，随时间延长，厚度尺寸增加，测量出厚度尺寸各自约为 0.7μm、1.0μm 和 1.2μm，见图 5-8（b）~（d）。蠕变 3000h 后，合金中 γ′相已形成完整的筏状结构，厚度尺寸进一步增加至 1.47μm，见图 5-8（e）。蠕变至 9714h，合金中筏状 γ′相的厚度尺寸增加到 1.8μm，且扭曲程度增大，见图 5-8（f）。这表明随蠕变时间的延长，筏状 γ′相的厚度尺寸增加，粗化程度加剧，其中，扭曲程度加剧的原因，归因于缩颈区域发生较大的塑形变形所致。

在近服役条件的蠕变期间，当蠕变时间小于 3000h 时，合金发生的塑性变形较小，仅发生 γ′相尺寸和形态的变化，故在近服役条件的蠕变期间，可视为合金在高温的应力时效。其筏状 γ′相的厚度尺寸与蠕变时间的关系如图 5-9 所示。完全热处理态合金中立方 γ′相的尺寸约为 0.4μm，随应力时效时间延长，筏状 γ′相的厚度尺寸增加，应力时效 3000h，样品中筏状 γ′相的厚度尺寸增加至约 1.47μm，9714h 样品断裂后，样品近断口区域筏状 γ′相的厚度尺寸增加至约 1.8μm，这归因于随应力时效时间延长、激活位错的数量及合金的应变量增大、在颈缩区域增加有效应力所致。此外，位错的管道效应，可加速元素的充分扩散，故也可增加该区域筏状 γ′相的粗化速率。

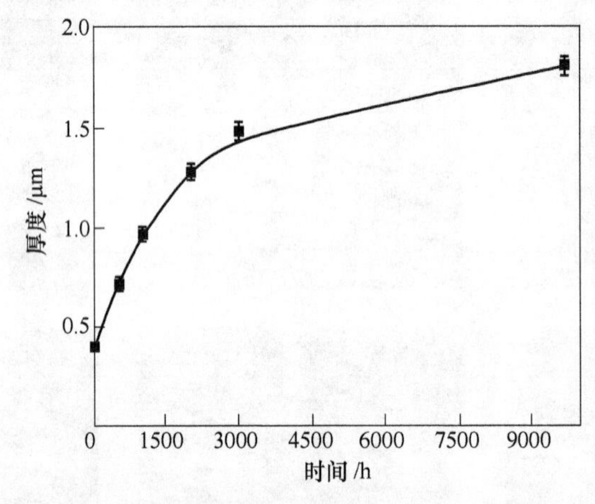

图 5-9　筏状 γ′相厚度尺寸与应力时效时间的依赖关系

合金在 980℃/90MPa 蠕变 3000h 后的晶界形貌如图 5-10 所示，可以看出，经该条件蠕变 3000h 枝晶清晰可见，合金中的晶界存在于粗大 γ′相的枝晶间区域，且枝晶间及枝晶干区域的 γ′相都已经转化为筏状组织，并且在晶界上未发现裂纹的萌生与扩展，表明合金的蠕变仍处在稳态阶段。

传统工艺热处理合金经 980℃/90MPa 蠕变 500h、1000h、2000h 后，γ、γ′两相的变形特征如图 5-11 所示。合金蠕变 500h 的变形特征如图5-11（a）所示，

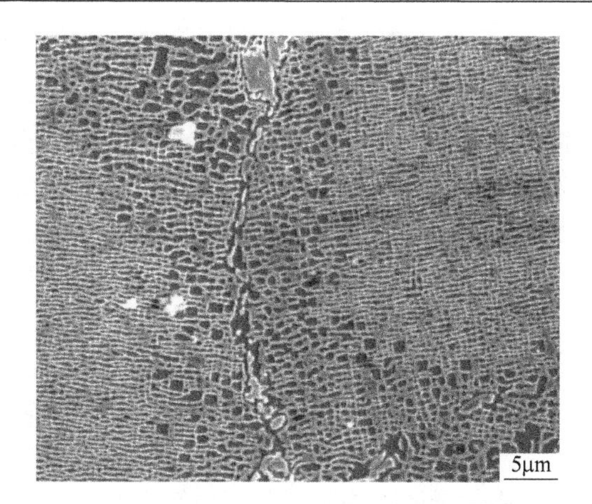

图 5-10 合金在 980℃/90MPa 蠕变 3000h 后近枝晶间区域的晶界组织形貌

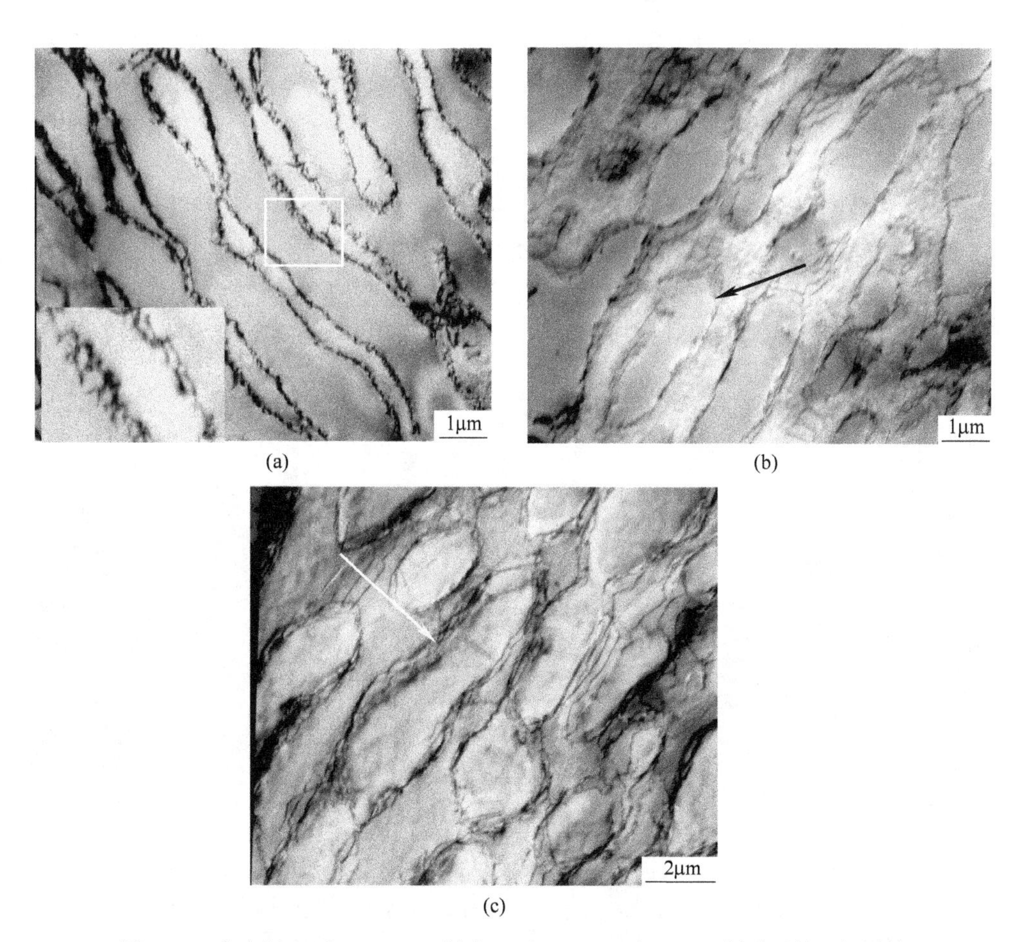

图 5-11 合金经 980℃、90MPa 蠕变 500h、1000h 和 2000h 断裂后的组织形貌
（a）蠕变 500h；（b）蠕变 1000h；（c）蠕变 2000h

可以看出，合金中 γ′相已经完全形成为筏状组织，筏状 γ′相的厚度尺寸约为 0.7μm，并在 γ′/γ 两相界面存在位错网。此时，合金的变形机制主要是位错在基体通道中滑移，而在蠕变期间无位错切入 γ′相。当位错在基体中滑移遇到 γ′相界面受阻时，蠕变位错可与位错网发生反应，其分解的位错分量改变了原来的位错运动方向，促进了位错的攀移。位错网的形貌如图 5-11（a）中白色方框所示，方框区域的放大形貌示于照片的左下角。合金蠕变 1000h 后的变形特征如图 5-11（b）所示，可以看出，合金中 γ′相的厚度尺寸约为 1μm，基体通道的尺寸明显变宽，但仍无位错切入 γ′相，界面位错网保存良好，如图中箭头所示。合金蠕变 2000h 的变形特征如图 5-11（c）所示，此时，合金中 γ′相的厚度尺寸约为 1.2μm，大多数位错沿某一特定取向呈波浪形网状分布，与图 5-11（a）、（b）相比，基体通道中的位错数量明显增多，如图中箭头标注所示，这归因于随着蠕变的进行，合金的变形量逐渐增大所致，此时仍无位错切入 γ′相。

合金经 980℃、90MPa 蠕变 3000h 和 9714h 断裂后的组织形貌如图 5-12 所示。合金蠕变 3000h 的组织形貌示于图 5-12（a）。其中，在 γ/γ′两相界面存在位错网，且有少量位错剪切进入筏状 γ′相，如图 5-12（a）中白色箭头所指。合金经 980℃、90MPa 蠕变 9714h 断裂后，在远离断口区域的组织形貌示于图 5-12（b）中，虽然合金中 γ′相仍保持水平方向，但已有大量位错剪切进入筏状 γ′相。合金蠕变断裂后，在近断口区域的组织形貌示于图 5-12（c），与图 5-12（b）相比，位错剪切进入 γ′相的数量增加，筏状 γ′相粗化及扭曲程度增大，如图 5-12（c）中区域 A_0和 B_0所示。

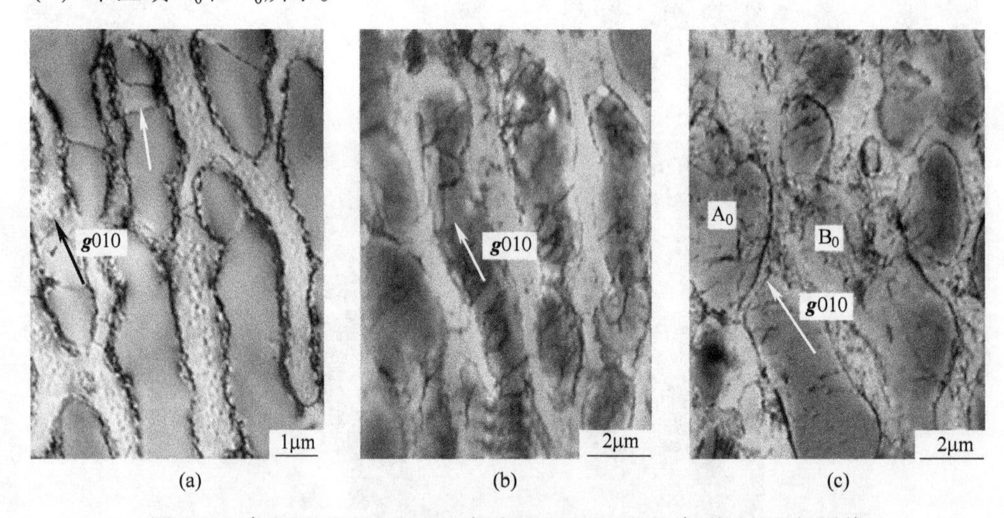

图 5-12　合金经 980℃、90MPa 蠕变 3000h 和 9714h 断裂后的组织形貌

（a）蠕变 3000h；（b）蠕变断裂远离断口区域；（c）蠕变断裂靠近断口区域

以上观察表明，蠕变后期已有大量位错剪切进入 γ′相。分析认为，在蠕变后

期，首先剪切进入筏状 γ′相的位错视为主滑移系，随后次滑移系开动，剪切筏状 γ′相，主/次滑移位错交替剪切筏状 γ′相，可导致筏状 γ′相的扭曲，如图 5-12（c）中区域 B_0的筏状 γ′相。此外，随蠕变进行至后期，合金的应变量增大，特别是样品颈缩区域的横截面面积减小，增大恒定载荷蠕变条件下的有效应力，可促使其发生较大的塑性变形，也可增大筏状 γ′相的扭曲程度，故可导致合金中筏状 γ′相转变成不规则的扭曲形态，如图 5-12（c）中区域 A_0和 B_0所示。由此可得出结论，合金在蠕变后期的变形机制是位错在 γ 基体通道中滑移和剪切筏状 γ′相。

5.3.3 应力时效对错配度的影响

DZ125 合金主要由 γ、γ′两相组成，且合金中 γ′/γ 两相的晶格常数相近，因此，在 XRD 谱线中，衍射峰为 γ、γ′两相的衍射峰的合成峰。由于合金中 γ′相的体积分数约占到 65%，因此，不同体积分数的 γ、γ′两相具有不同的衍射强度，相对于 γ 相而言，γ′相的衍射峰强度较高，并且衍射峰右侧曲线的斜率大于左侧。

完全热处理态合金经蠕变不同时间在室温测定的 X 射线衍射谱线示于图 5-13，其中，完全热处理态合金的合成衍射峰，见图 5-13（a），蠕变 500h 和 1000h 的合成衍射峰见图 5-13（b）和图 5-13（c），合金蠕变 2000h 的合成衍射峰见图 5-13（d），蠕变 3000h 的合成衍射峰见图 5-13（e）。经专业软件将 γ′、γ 两相的合成衍射峰分离为 γ′、γ 两相的衍射峰后，分别置于各自的合成衍射峰下面。然后，根据各自衍射峰的角度及式（5-2）和式（5-3），计算出不同状态合金中 γ′、γ 两相的晶格常数及错配度，列于表 5-1。

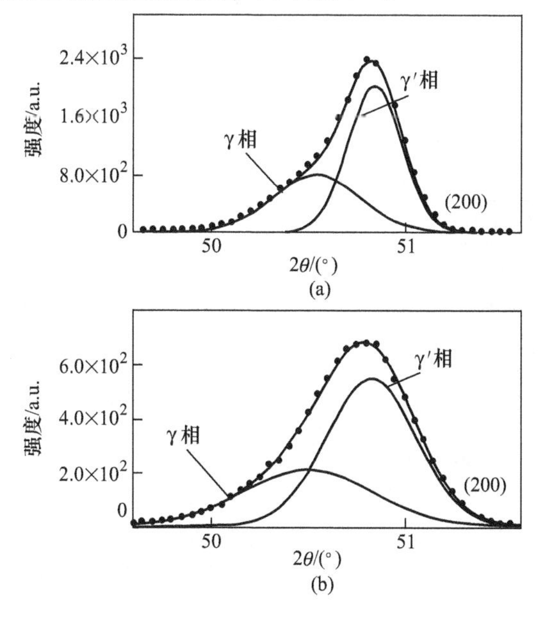

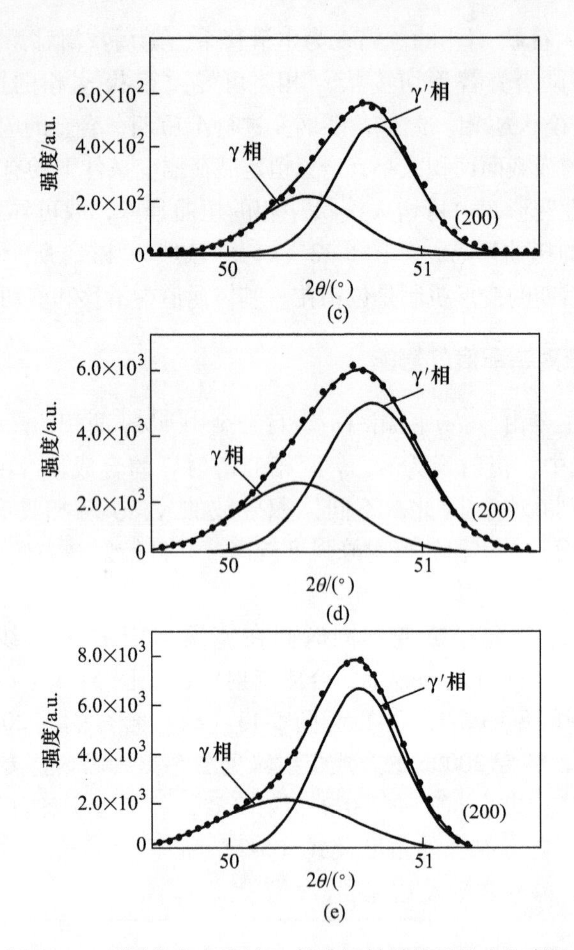

图 5-13　不同状态合金的 X 射线衍射谱线及分离衍射峰

（a）完全热处理；（b）蠕变 500h；（c）蠕变 1000h；（d）蠕变 2000h；（e）蠕变 3000h

表 5-1　不同状态合金中 γ′和 γ 两相的晶格常数与错配度

项　目	完全热处理	蠕变 500h	蠕变 1000h	蠕变 2000h	蠕变 3000h
γ 相晶格常数/nm	0. 36113	0. 36151	0. 36179	0. 36207	0. 36241
γ′相晶格常数/nm	0. 35954	0. 35970	0. 35994	3. 600374	0. 36018
错配度/%	-0. 443	-0. 502	-0. 525	-0. 590	-0. 616

可以看出，完全热处理态合金中 γ′、γ 两相的晶格常数分别为 0. 35954nm 和 0. 36113nm，错配度为-0. 443%。经应力时效 500h 后，γ′、γ 两相的晶格常数分别为 0. 35970nm 和 0. 36151nm，错配度为-0. 502%。经应力时效 1000h 后，γ′、γ 两相的晶格常数分别为 0. 35994nm 和 0. 36179nm，错配度为-0. 525%。经应力时效 2000h 后，合金中 γ′、γ 两相的晶格常数分别为 0. 36003nm 和 0. 36207nm，

错配度为-0.590%。经应力时效3000h后，合金中γ′、γ两相的晶格常数分别为0.36018nm和0.36241nm，错配度为-0.616%。结果表明，随着蠕变时间的延长，合金中γ′、γ两相的晶格常数与错配度增大，这与γ′/γ两相之间存在界面位错网的实验观察结果相一致。

5.4 讨论

5.4.1 应力时效对γ、γ′两相尺寸及晶格常数的影响

由图5-7可知，经980℃/90MPa应力时效后，合金中γ′相发生了不同程度的粗化，其尺寸随着蠕变时间的延长而增大。同时，经XRD分析表明，随着应力时效时间的延长，合金中γ、γ′两相的晶格常数和晶格错配度逐渐增加。

根据Gibbs-Thomson理论，当合金中γ′相的长大过程受扩散控制时，其长大速率随半径变化的规律为[126]：

$$\frac{\mathrm{d}r}{\mathrm{d}t} = \left(2D\frac{S\Gamma V}{RTr}\right) \times \left(\frac{1}{r} - \frac{1}{r_0}\right) \tag{5-4}$$

式中，r为时效t时间后γ′相的尺寸；r_0为$t=0$时γ′相的尺寸；S为空位浓度；D为原子的扩散系数，由于Al是γ′相形成元素，其扩散速率决定了γ′相的长大速率，因此，扩散系数选用Al的扩散系数；Γ为γ′相与基体之间的界面能；V为γ′相的摩尔体积；R为气体常数；T为温度。

当温度一定时，对式（5-4）进行积分，可得到LWS动力学方程：

$$\bar{r}^3 - \bar{r}_0^3 = kt \tag{5-5}$$

式中，$\bar{r}$为t时刻γ′相的平均尺寸；$\bar{r}_0$为$t=0$时γ′相的平均尺寸；t为时效时间；k为与时效温度有关的常数。

$$k = [2\Gamma DC_e V_m/(\rho_c RT)]^{\frac{1}{3}} \tag{5-6}$$

式中，Γ为γ′相与基体之间的界面能；D为溶质原子在基体中的扩散系数；C_e为γ′相形成元素的平衡浓度；V_m为γ′相的摩尔体积；ρ_c为与γ′相尺寸相关的常数，其值为1.5；R为气体常数；T为绝对温度。

可以看出，γ′相粒子的尺寸随时间延长和温度提高而增大，与图5-7和图5-8所示的结果相一致。再则，随k值增大，合金中γ′相粒子的长大速率增加，且γ′相的平均尺寸正比于晶格常数a，即：

$$\bar{r} \propto a \tag{5-7}$$

研究表明，随着应力时效时间延长，γ′的晶格常数和错配度逐渐增大，这与表5-1所示的结果相一致。

5.4.2 γ′/γ共格界面的强化与分析

当共格析出的γ′相与基体的晶格常数存在差别时，则在γ′/γ两相界面存在

错配应力，并产生错配应力和应力场，其应力场对位错运动有阻碍作用。由于 γ'/γ 两相共格应力产生的应力场存在于粒子周围的一定范围内，所以共格界面的应力场是一个漫散障碍。

共格界面产生的错配应力与晶格常数及错配度有关。其中 γ'/γ 两相的错配度可分解为：无约束错配度 δ 和约束错配度 ω。无约束错配度 δ 定义为：基体与析出相在自由状态下晶格常数的相对差别。这里 Ni 基合金中 γ 基体和 γ' 相的错配度为：

$$\delta = \frac{2(a_{\gamma'} - a_{\gamma})}{a_{\gamma'} + \alpha_{\gamma}} \times 100\% \tag{5-8}$$

式中，a_{γ} 和 $\alpha_{\gamma'}$ 分别为 γ 基体和 γ' 相的晶格常数。

当合金中 γ' 相在基体中共格析出时，γ' 相的晶格常数受到一定的约束，并使其晶格常数发生变化，其约束条件下的晶格错配度 ω 可用下式表示：

$$\omega = \frac{\delta}{1 + 4G_{\mathrm{R}}/(3K)} \tag{5-9}$$

式中，G_{R} 为 γ 基体剪切模量；K 为 γ' 相的压缩系数。

蠕变期间，当变形位错在基体中运动至 γ' 相的界面时，共格界面应力场可阻碍位错剪切进入 γ' 相，其位错所受的阻力与两者之间的相对位置有关。共格界面应力场与位错运动的几何关系如图 5-14 所示，其中，共格界面应力场对刃型位错运动的阻力表示为：

$$F_1(h_x h_y) = \frac{8\omega r^3 h_x h_y G_{\mathrm{F}} b}{(h_x^2 + h_y^2)^2}\left(1 - \varphi \frac{2r^2 + h_x^2 + h_y^2}{2r^3}\right) \tag{5-10}$$

式中，ω 为晶格错配度；r 为 γ' 相的半径；h_x 和 h_y 为共格界面应力场与刃型位错的相对几何坐标，如图 5-14 所示；G_{F} 为基体 {111} 面的剪切模量；b 为位错柏氏矢量；φ 为几何变量。

研究表明，随着错配应力的增大，阻碍位错运动的共格界面应力提高。

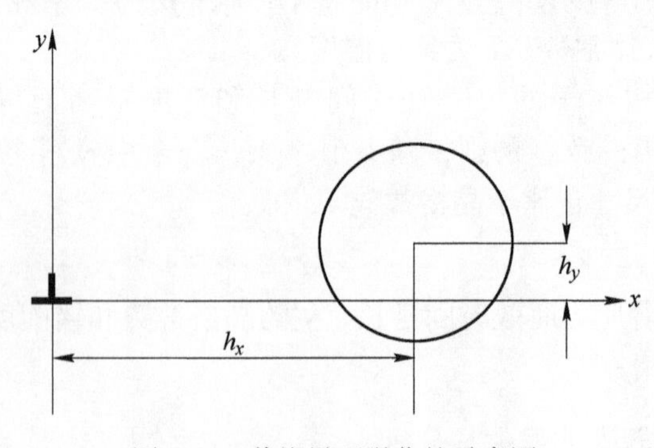

图 5-14　共格界面强化的示意图

对式（5-10）中 φ 值进行如下讨论：

当 $h_x^2 + h_y^2 \leqslant r^2$ 时

$$\varphi = (r^2 - h_x^2 - h_y^2)^{1/2} \tag{5-11}$$

当 $h_x^2 + h_y^2 > r^2$ 时

$$\varphi = 0$$

明显，当 $|h_x| = |h_y| = r/\sqrt{2}$ 时，$\varphi = 0$，$F(h_x, h_y)$ 具有最大值。因此，阻碍位错运动的最大应力值 F_m 为：

$$F_m = 4G_F|\omega| r\boldsymbol{b} \tag{5-12}$$

因此，位错为克服 γ′/γ 界面最大应力场作用，使其剪切进入 γ′相所需的切应力为：

$$\tau = \left(\frac{F_m}{2T}\right)^{\frac{3}{2}}\left(\frac{2T}{l\boldsymbol{b}}\right) \tag{5-13}$$

式中，T 为位错的线张力；F_m 为共格界面应力场对刃型位错运动的最大阻力；$\boldsymbol{b}$ 为位错的柏氏矢量；l 为滑移面上 γ′相的平均间距。

研究表明，随 γ′/γ 界面的共格应变增大，可促使位错运动的剪切应力提高。

这里进一步假设，γ′相为可阻碍位错运动的强化粒子，具有球形形态，粒子的平均半径为 r，平均平面半径为 r_s（滑移面与滑移面的截线圆上的半径），粒子的体积分数为 f，滑移面上单位面积粒子数量为 n_s。因此，滑移面上粒子的平均间距等特征参数之间存在如下几何关系：

$$r_s = \frac{\pi}{4}r ,\ f = \frac{2}{3}\pi n_s r^2$$

滑移面上粒子的平均间距 l 为：

$$l = n_s^{-\frac{1}{2}} = r_s\left(\frac{32}{3\pi f}\right)^{\frac{1}{2}} = r\left(\frac{2\pi}{3f}\right)^{\frac{1}{2}} \tag{5-14}$$

将式（5-12）和式（5-14）代入式（5-13），可得到位错为克服 γ′/γ 两相界面最大应力场作用，使其剪切进入 γ′相所需的最大临界切应力增量 τ_{cp} 为：

$$\tau_{cp} = a\,(G_F|\omega|)^{\frac{3}{2}}\left(\frac{fr\boldsymbol{b}}{2T}\right)^{\frac{1}{2}} \tag{5-15}$$

式中，a 为常数；G_F 为基体｛111｝面的剪切模量，ω 为晶格错配度；f 为 γ′相的体积分数；r 为 γ′相的平均尺寸；$\boldsymbol{b}$ 为位错的柏氏矢量；T 为位错线张力。

研究表明，随着合金中 γ′/γ 界面的应变增大，晶格错配度 ω 提高，且随着 γ′相尺寸和体积分数增加，促使位错剪切进入 γ′相所需的最大临界切应力值 τ_{cp} 提高，因此，可提高合金的蠕变抗力。

应该提及，对于 γ′/γ 两相合金在中温蠕变期间，随 γ′/γ 两相晶格应变的增大，可延缓位错剪切进入γ′相，提高合金的强度和蠕变抗力。但在高温蠕变期间，较大的γ′/γ两相共格错配应力可促使合金中γ′相发生筏形化转变，降低合金的组织稳定性，因此，提高合金中γ′/γ两相界面的错配应力，是否有助于提高合金的高温力学性能及蠕变抗力，仍是存在争议且有待于深入研究的问题。

5.4.3 γ′相粗化对蠕变抗力的影响

合金在高温施加载荷的瞬间，产生瞬间应变，对应的变形机制是大量位错在基体中滑移。随蠕变进行，一方面位错之间的交互作用产生应变硬化，使其应变速率降低，另一方面，蠕变期间伴随着元素的相互扩散，使合金中γ′相沿垂直于应力轴方向形成N-型筏状结构，如图5-2所示，直至进入稳态蠕变阶段。尽管稳态蠕变期间合金的变形机制是位错在基体中滑移和攀移越过筏状γ′相，但位错攀移越过筏状γ′相是控制应变速率的限制性环节。

根据“空位”理论，位错的攀移可由位错沿割阶移动而实现，其中，位错攀移速率与“空位”运动速率（v）、空位浓度（c_0）和割阶高度（h）的关系，如式（5-16）所示：

$$v = \frac{AD_{\mathrm{V}}hc_0^3B^3\ (\mu \boldsymbol{b})^2}{[8\pi(1-\boldsymbol{\nu}H)]^2}\exp\left(-\frac{U_{\mathrm{V}}}{KT}\right) \tag{5-16}$$

式中，A为常数；D_{V}为空位扩散系数；B^3为空位体积；U_{V}为空位形成能；H为筏状γ′相的厚度；μ为剪切模量；$\boldsymbol{b}$为柏氏矢量的大小；$\boldsymbol{\nu}$为泊松比。

由于稳态期间合金的应变速率（ε）与位错攀移速率成正比，与筏状γ′相的厚度（H）成反比，因此，根据“空位”理论和位错攀移速率方程，推导出位错攀移越过筏状γ′相控制合金应变速率的表达式为：

$$\boldsymbol{\varepsilon} = A''\left(\frac{V}{H}\right) = \frac{AD_{\mathrm{V}}hB^3c_0^3(\mu\boldsymbol{b})}{(1-\nu)^2H^3}\exp\left(-\frac{U_{\mathrm{V}}}{KT}\right) \tag{5-17}$$

式中，A为常数。

式（5-16）表明，在稳态蠕变期间，合金的应变速率与空位扩散系数（D_{V}）、晶体中空位浓度（c_0）、空位体积（B^3）和割阶高度（h）成正比，与攀移距离（H）成反比。由于空位的扩散系数（D_{V}）和晶体中的空位浓度（c_0）随温度提高而增加，因此，随温度提高，合金的应变速率增大。

稳态蠕变期间，控制合金应变速率的限制性环节是位错攀移越过筏状γ′相。合金在980℃、90MPa稳态蠕变期间，可认为式（5-16）中A、h、B、$\boldsymbol{\mu}$、$\boldsymbol{b}$、$\boldsymbol{\nu}$是常数。合金蠕变进入稳态阶段后，随蠕变进行，位错在基体中滑移受阻，可在近筏状γ′相的界面区域塞积，且蠕变期间滑移位错可与位错网反应，改变位错的运动方向，促使位错沿位错网的割阶发生攀移，以使合金的蠕变得以进行。

以上表明，位错攀移越过筏状γ′相的厚度（H）是制约合金稳态蠕变期间应变速率的限制性环节。由于合金在应力时效期间，随应力时效时间延长，筏状 γ′相的厚度尺寸（H）增加，位错攀移的距离增大，故合金在稳态蠕变期间有较低的应变速率，如图 5-9 所示。由此可以认为，在近服役条件下，随应力时效时间延长，筏状 γ′相厚度尺寸增加，晶格错配度增大，可改善合金的蠕变抗力，是合金具有较长蠕变寿命的原因之一。此外，随应力时效时间延长，在筏状 γ′相厚度尺寸增加的同时，γ 基体通道的尺寸也相应从 0.1μm 增加至近 1μm。随蠕变时间的延长，γ 基体通道尺寸的增加，位错运动的阻力减小，合金蠕变期间的应变量增加，以至于合金蠕变断裂的应变量达 20%。

5.5 本章小节

本章通过对 DZ125 合金进行长寿命服役条件下的蠕变性能测试及微观组织形貌的观察，结合不同蠕变时间合金中 γ′/γ 两相晶格常数及错配度的计算，研究了合金在长寿命服役条件下，宏观蠕变行为与微观变形机制的关系，并对合金中 γ′/γ 两相共格界面应变强化进行了理论分析，得出以下结论：

（1）在长寿命服役条件下蠕变相同时间，在合金的不同区域，γ′/γ 两相具有不同的组织形貌，在近样品中间区域的筏状 γ′相的形态完整且规则，而在肩部区域 γ′相呈现串状形态。

（2）随合金在 980℃/90MPa 蠕变时间延长，在样品的中间区域筏状 γ′相的厚度尺寸增加，蠕变 500h 合金中筏状 γ′相的厚度尺寸为 0.7μm，蠕变 3000h 筏状 γ′相的厚度尺寸增加到 1.5μm，γ′相厚度尺寸长大服从抛物线规律。

（3）在长寿命蠕变条件下，合金蠕变不同时间具有不同的变形特征，当蠕变时间低于 2000h 时，合金的变形机制是位错在基体中滑移和攀移越过筏状 γ′相，蠕变 3000h 仅有少量位错切入 γ′相。

（4）随着长寿命服役时间的延长，合金中 γ′、γ 两相的晶格常数与晶格错配度增加。

6 组织不均匀性对蠕变行为的影响

6.1 引言

铸态定向凝固镍基合金的组织结构由存在于柱状晶内不同尺寸的γ′和γ基体相所构成，由于C、B等晶界强化元素的加入，凝固期间在枝晶间区域可形成共晶组织和碳化物[127,128]。采用不同的热处理制度，可获得不同尺寸和形态的γ′相及碳化物，并对合金的力学性能具有较大的影响。由于定向凝固合金在枝晶间区域存在低熔点共晶组织，为避免热处理期间发生初熔，定向凝固合金不宜选取过高的固溶处理温度。合金进行固溶处理的目的是：溶解合金中粗大的γ′相和γ′/γ共晶组织，使元素得到充分扩散，然后，在时效及冷却过程中析出细小且尺寸均匀的γ′相。关于热处理对CMSX-2合金组织结构与蠕变性能影响的研究表明，合金经热处理后，使尺寸约为0.45μm的立方γ′相规则分布于γ基体中，可获得最佳的高温蠕变性能。当合金中γ′相尺寸较小时，在高温蠕变期间位错以攀移方式或以Orowan机制绕过γ′相，而当γ′相尺寸较大时，位错可剪切进入γ′相。随着难熔元素W、Mo和Ta的加入，可促使合金在热处理期间碳化物自基体中析出，并调整γ′相的尺寸和γ′/γ两相错配度，同时，调整碳化物的尺寸、形态和分布。当粒状碳化物沿晶界弥散析出时，其粒状碳化物可有效阻碍晶界滑移，提高合金的高温蠕变性能。

尽管定向凝固合金中已消除了与应力轴垂直的横向晶界，但仍存在与应力轴平行或成一定角度的倾斜晶界，蠕变损伤仍是合金在高温服役期间的主要失效形式。其中，蠕变损伤的主要特征包括：γ′相的粗化、位错在基体中滑移和切割γ′相、裂纹沿晶界的萌生与扩展。由于高温蠕变期间位错的运动模式、裂纹萌生及扩展方式与合金的组织结构及蠕变抗力密切相关，因此，热处理对合金组织结构与蠕变性能的影响得到广大研究者的重视[129,130]。但组织的均匀性对合金蠕变性能的影响及对裂纹萌生与扩展特征的影响并不清楚。

据此，本章针对传统工艺热处理DZ125合金存在组织结构不均匀性及共晶组织等问题，提高合金的固溶处理温度，以改善合金的组织均匀性，之后，对其进行蠕变性能测试和SEM、TEM组织形貌观察，考察固溶温度对合金中晶界、γ′相和碳化物尺寸、形态与分布的影响，研究合金中组织均匀性对合金蠕变行为及断裂机制的影响规律，试图为合金的发展与应用提供理论依据。

6.2 实验方法

6.2.1 差热曲线测定

将尺寸为 ϕ3mm×1.5mm 的 DZ125 合金样品置入差热分析仪中，快速将试样加热到 900℃并做少许停留，然后以 5℃/min 的升温速度从 1000℃升温至 1400℃，在 1400℃保温 3min，然后以 5℃/min 的降温速率从 1400℃降温至 900℃，最后快速冷却至室温，通过对差热曲线进行分析，可以得到合金的初熔温度和热处理窗口。

6.2.2 合金的热处理

根据差热曲线分析结果，结合金相尝试法，了解合金的初熔温度，将试样进行不同条件下的热处理，并在 SEM 下观察合金是否发生初熔，以确定合金的合理热处理工艺。

6.2.3 蠕变性能测试

将改进工艺热处理合金用线切割方法加工蠕变样品，其样品尺寸如图 2-1 所示。蠕变试样经机械研磨和抛光后，置于 GWT504 型高温蠕变试验机中，进行持久寿命及蠕变性能测定，并绘制蠕变曲线，部分片状样品在不同的蠕变时间终止试验，以观察合金在不同蠕变阶段的组织形貌。

6.2.4 组织形貌观察

将提高温度固溶处理合金经机械研磨、抛光及腐蚀后，在扫描电镜下进行样品表面形貌观察。样品经蠕变断裂后，经研磨机研磨至约 100μm，然后采用手工研磨至约 60μm，再采用双喷电解减薄仪制备成透射电镜样品，并在透射电镜下进行微观组织形貌观察。

6.3 实验结果与分析

6.3.1 差热曲线分析及热处理工艺的制定

采用示差扫描量热法，可精确测定出 DZ125 合金在加热过程中的热流变化，测定出合金的 DSC 曲线，如图 6-1 所示。由图可见，在 1000~1230℃的温度区间内热流为负值，表明此时合金发生 γ′相自基体 γ 相中析出的吸热转变，并在 1110℃时曲线出现拐点，这对应于 γ′相有最大的析出速率。当温度大于 1230℃时，热流转变成正值，表明析出的 γ′相重新溶入基体中，这是由于在此过程中发生的放热反应所致。且随着温度的升高，热流值不断增大，表明随温度升高，γ′

相重新溶入基体的速率不断增大。当温度提高到1275℃，曲线发生突变，热流值迅速降低，为合金发生初熔大量吸收热量所致，由此可以确定出DZ125合金的初熔温度为1275℃，通过上述分析可以确定，DZ125合金的热处理“窗口”为1230~1275℃。由合金在熔化期间热流变化曲线的外推延长线，可求出合金的固相线温度，沿曲线切线的方向引出两条延长线，相交于一点，该点所对应的温度为1315.48℃，即为合金的固相线温度，如图6-1中箭头所示。采用同样方法，获得合金的液相线温度为1387.61℃，如图中最右侧箭头所示。由此，可以确定出合金的固溶温度应该选择在1230~1270℃范围内。

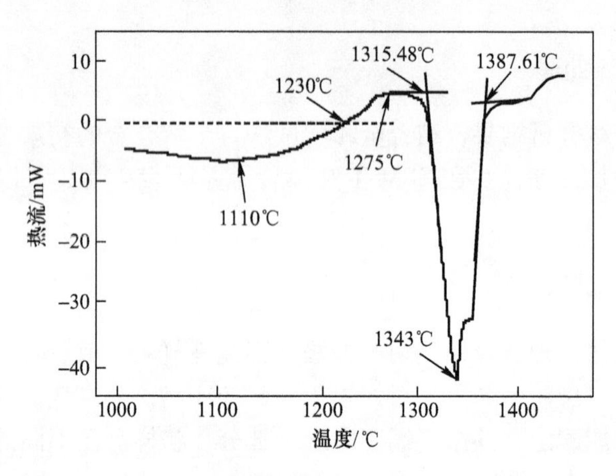

图6-1　合金在加热过程中的DSC曲线

对于定向凝固合金而言，为了使元素得到充分的扩散、消除凝固期间形成的共晶组织，在避免合金发生初熔的条件下，应尽量提高合金的固溶处理温度。通过对差热曲线和DSC曲线的分析，确定出合金的热处理“窗口”后，对合金分别在1260℃和1270℃进行固溶处理。合金经不同温度固溶处理后，进行组织形貌观察，表明当在1260℃进行固溶处理时，合金并没有发生初熔，如图6-2（a）所示，并且晶界依然清晰可见，如图中箭头所示，并已消除晶界附近粗大的γ′相。而经1270℃固溶处理后，在合金中形成了大量的初熔组织，如图6-2（b）所示。因此本合金选择在1260℃进行固溶处理。由于合金中加入了大量的难熔元素，因此，导致难熔元素在枝晶间区域的偏析程度较大，为了减小元素的偏析程度，避免发生初熔，选择合金在1180℃保温2h进行均匀化处理，使元素具有充足的时间扩散，使其溶入γ基体相中，然后升温至1260℃进行固溶处理，并在随后的冷却过程中使细小γ′相在基体中弥散析出。在1000~1230℃温度区间，γ′相可自基体γ相中析出，因此，一次时效温度不应超过该温度区间，由此仍选择与传统热处理工艺一致的一次时效温度为1100℃，二次时效温度为870℃。

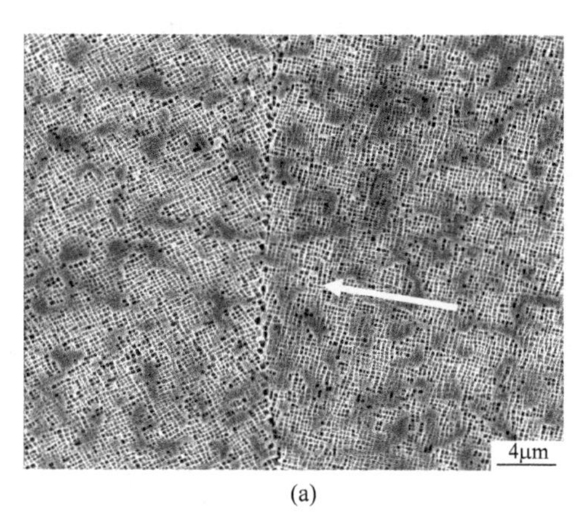

(a)

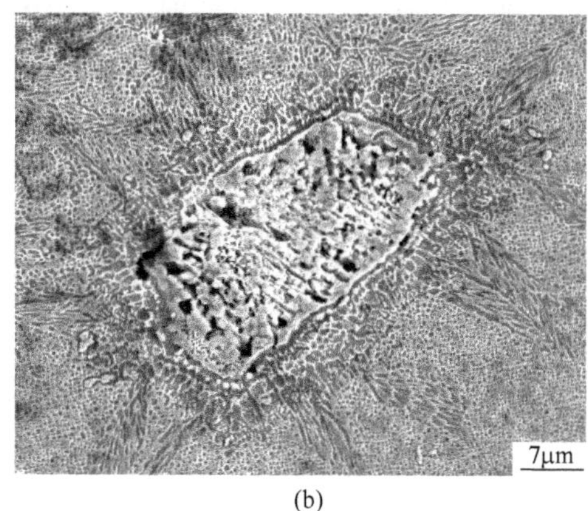

(b)

图 6-2 合金经不同工艺热处理后的组织形貌
(a) 1260℃固溶; (b) 1270℃固溶

6.3.2 热处理对成分偏析的影响

定向凝固合金枝晶生长完整，但元素偏析仍然存在，由于 Ta、W 等难熔元素在合金中所占比例较高，在定向凝固过程中，枝晶间/臂区域存在着明显的元素偏析。因此，选择合适工艺进行热处理十分必要。

合金在不同状态下，枝晶干/间区域的 SEM/EDS 成分分析结果示于表 6-1~表 6-3，其中的数据为 3 次测量的平均值。表 6-1 为铸态合金各元素的分布及偏析系数，可以看出，铸态合金枝晶干/间区域各元素均存在有较大程度的偏析，其中，元素 W、Ti、Cr、Co 为负偏析元素，富集在枝晶干，元素 Al、Hf、Ta 为正偏析元素，富集于枝晶间区域。其中，元素 Cr 是最强的负偏析元素，偏析系数达 34.1%，其次是 W 元素，偏析系数达 31.4%。正偏析元素中元素 Al 的偏析系数达到 40.6%，Hf 元素次之为 35.1%。其偏析系数由下式计算。

$$K = \frac{C_2 - C_1}{C_1} \times 100\% \tag{6-1}$$

式中，K 为偏析系数；C_1 为元素在枝晶干区域的浓度；C_2 为元素在枝晶间区域的浓度。

表 6-1 铸态合金中的元素分布（质量分数）及偏析系数 (%)

元素	Al	Hf	Ta	W	Ti	Cr	Co
枝晶干	3.91	1.28	3.14	9.06	1.03	9.56	10.42
枝晶间	5.50	1.73	4.11	6.21	0.83	6.30	8.26
偏析系数	40.6	35.1	30.8	-31.4	-19.4	-34.1	-20.7

表6-2为传统工艺热处理合金中的元素分布及偏析系数，可以看出，合金经传统工艺热处理后，元素的均匀化程度有所提高。合金中元素Cr、W的偏析系数由铸态的34.1%和31.4%降低到22.7%和20.1%，元素Al、Ta的偏析系数由铸态的40.6%和30.8%降低到25.1%和18.8%。由于各元素的偏析系数仍然较大，并对合金的蠕变性能有重要的影响，因而应采用更高温度的固溶处理，以降低合金中各元素的偏析程度。

表6-2　传统工艺热处理合金中的元素分布（质量分数）及偏析系数　（%）

元素	Al	Hf	Ta	W	Ti	Cr	Co
枝晶干	4.34	1.43	3.29	8.14	0.97	8.95	9.91
枝晶间	5.43	1.70	3.91	6.65	0.87	6.92	8.55
偏析系数	25.1	18.9	18.8	-20.1	-10.3	-22.7	-13.7

表6-3为经提高固溶温度后，合金的元素分布及偏析系数，可以看出，合金经高温固溶热处理后，元素Cr、W的偏析系数继续降低到8.6%和10.6%，而元素Al、Ta的偏析系数进一步降低到7.9%和8.83%。表明采用高温固溶处理可有效降低合金中元素的偏析程度。

表6-3　提高固溶温度后合金中的元素分布（质量分数）及偏析系数　（%）

元素	Al	Hf	Ta	W	Ti	Cr	Co
枝晶干	4.96	1.49	3.51	7.68	0.93	8.77	9.28
枝晶间	5.35	1.58	3.82	6.68	0.89	8.02	8.77
偏析系数	7.9	6	8.83	-10.6	-4.3	-8.6	-5.5

6.3.3　固溶温度对晶格错配度的影响

分别测定出铸态、传统工艺热处理和提高温度固溶处理合金的X射线衍射谱线，如图6-3所示，其中，铸态合金的合成衍射峰示于图6-3（a），经传统工艺热处理合金的合成衍射峰示于图6-3（b），提高温度固溶处理合金的合成衍射峰示于图6-3（c）。从图6-3（a）到图6-3（c）可以看出，合金中的γ′、γ两相合成衍射峰逐渐变窄，表明，γ′、γ两相的晶格常数的差别逐渐减小。

计算出不同状态合金中γ′、γ两相的晶格常数及错配度，列于表6-4，可以看出，铸态合金中γ′、γ两相的晶格常数分别为0.35973nm和0.36191nm，错配度为-0.602%。经传统工艺热处理后，测算出γ′、γ两相的晶格常数分别为0.35954nm和0.36113nm，错配度为-0.443%。经提高温度固溶热处理后，测算出γ′、γ两相的晶格常数分别为0.35913nm和0.36040nm，错配度为-0.352%。结果表明，经不同工艺热处理后，合金中γ′、γ两相具有不同的晶格常数及错配度，随着固溶温度的提高，合金中 γ′、γ 两相的晶格常数和错配度逐渐减小。

表 6-4 不同状态合金中 γ′和 γ 两相的晶格常数与错配度

项目	铸态	传统工艺热处理	提高温度固溶热处理
γ 相晶格常数/nm	0.36191	0.36113	0.36040
γ′相晶格常数/nm	0.35973	0.35954	0.35913
错配度/%	-0.602	-0.443	-0.352

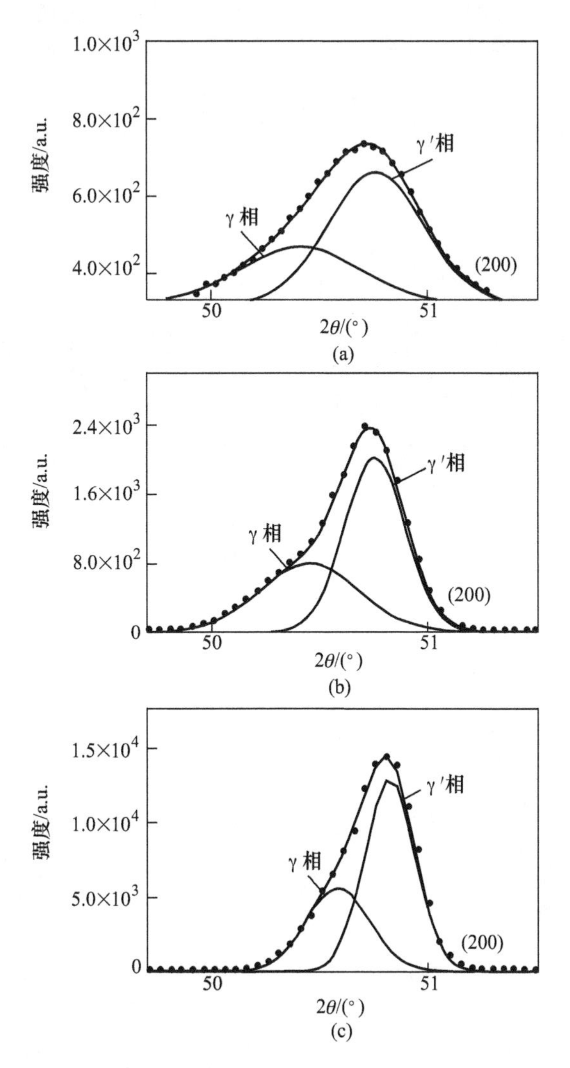

图 6-3 不同状态 DZ125 合金的 X 射线合成衍射峰及分离谱线

（a）铸态；（b）1230℃固溶；（c）1260℃固溶

6.3.4 热处理对组织结构的影响

合金经1260℃固溶及两级时效处理后的组织形貌如图6-4所示，可以看出，经高温固溶处理合金中的晶界仍然清晰可见，与图2-7相比，已完全消除了枝晶间的粗大γ′相，其中，在晶界处存在细小碳化物，如图6-4（a）中的短箭头所示。合金中原大尺寸块状碳化物已分解，以网状形态存在于晶内，其基体相存在于网状碳化物之间，如图中长箭头所示，与1230℃固溶处理合金相比较，碳化物的数量略有增加，尺寸略有减小。图6-4（b）为枝晶间区域的γ′相形貌，可以看出，在枝晶间区域近立方γ′相的尺寸约为0.4μm，且均匀分布。

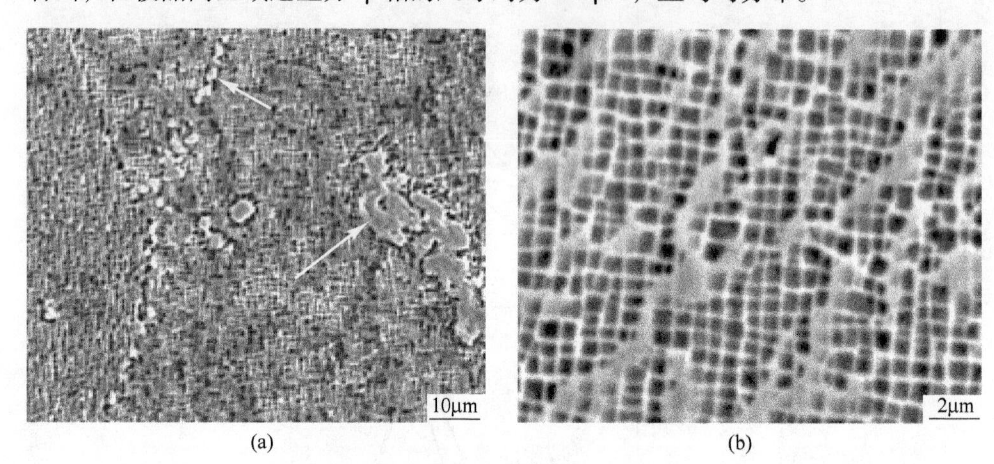

图6-4　高温固溶热处理合金的组织形貌
（a）枝晶干/间组织；（b）枝晶间的γ′相形貌

图6-5为1260℃固溶及两级时效处理后，合金的XRD曲线分析结果，可以

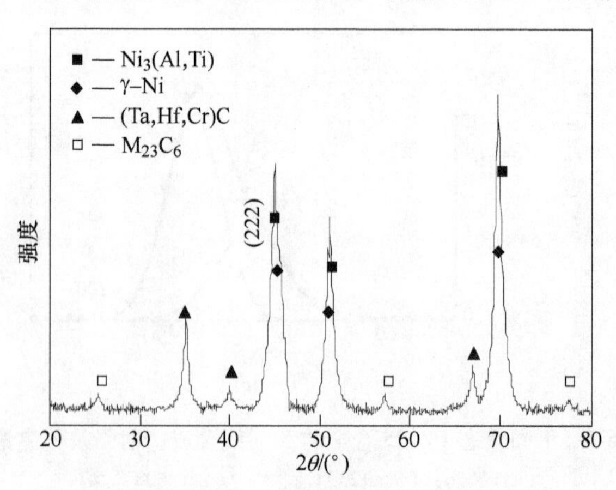

图6-5　高温固溶处理后合金的XRD衍射谱线

看出，热处理后 DZ125 合金中存在 MC 型和 $M_{23}C_6$ 两种碳化物。其形成原因为：在固溶处理期间合金中 MC 碳化物的边缘可发生溶解。其析出的 C、Cr 元素在晶界处与基体发生反应可形成 $M_{23}C_6$ 碳化物，其反应式为：

$$MC + \gamma \rightarrow M_{23}C_6 + \gamma' \tag{6-2}$$

合金经 1260℃ 固溶及两级时效处理后，在晶界上弥散析出的细小碳化物如图 6-6 所示，经 TEM/EDS 微区成分分析，该粒状相富含 Cr、W 和 C，该相的衍射斑点及指数标定如图 6-6（b）所示，由此鉴定出该粒状相为（Cr，W）$_{23}C_6$。

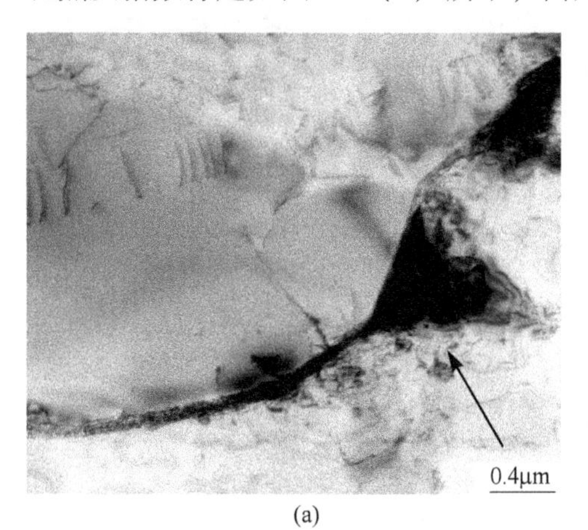

(a)

(b)

图 6-6 沿晶界析出的碳化物形貌及选区电子衍射

（a）碳化物；（b）衍射斑点及指数标定

6.3.5 固溶温度对蠕变性能的影响

经传统工艺热处理及提高温度固溶热处理后，合金分别在 780℃/700MPa 和 1040℃/127MPa 测定蠕变曲线，示于图 6-7（a）和图 6-7（c），在蠕变期间应变速率与应变的关系如图 6-7（b）和图 6-7（d）所示。研究表明，经不同工艺热处理后，合金表现出不同的蠕变特征。

经传统工艺热处理合金在 780℃/700MPa 条件下测定的蠕变曲线如图 6-7（a）中曲线 1 所示，可以看出，合金在施加载荷的瞬间产生较大的瞬间应变量，在蠕变初期，合金的蠕变速率随着时间的延长而减小，其持续时间约为 10h；之后进入稳态蠕变阶段，当合金的应变达到 4%时，测定出合金在稳态蠕变期间的应变速率为 0.0278%/h，蠕变 80h 后合金进入加速阶段，直至合金发生蠕变断裂，测定出合金的蠕变寿命为 127h。经提高温度固溶处理后，合金在 780℃/700MPa 测定的蠕变曲线如图 6-7（a）中曲线 2 所示，可以看出，与曲线 1 相比，施加载荷产生的瞬间应变量较小，蠕变 20h 后进入稳态阶段，测定出合金在稳态蠕变期间的应变速率为 0.0083%/h，蠕变 240h 仍处于稳态阶段，然后进入加速阶段，直至 339h 发生蠕变断裂。研究表明，与 1230℃ 固溶处理合金相比，经 1260℃ 高温固溶及时效处理，合金在稳态期间的应变速率较低，并且具有较长的蠕变寿命。

经传统工艺热处理合金和经提高温度固溶处理合金在 1040℃/127MPa 测定的蠕变曲线分别如图 6-7（c）中曲线 1 和曲线 2 所示，可以看出，合金在施加载荷的瞬间，曲线 1 产生的瞬间应变量略高于曲线 2，蠕变相近的时间进入稳态阶段，测定出两合金在稳态蠕变期间的应变速率分别为 0.0183%/h 和 0.0158%/h，蠕变寿命分别为 103h 和 119h。研究表明，经传统工艺热处理合金和提高温度固溶处理合金相比，经 1260℃ 高温固溶及时效处理，合金在稳态期间的应变速率较低，并且具有较长的蠕变寿命。

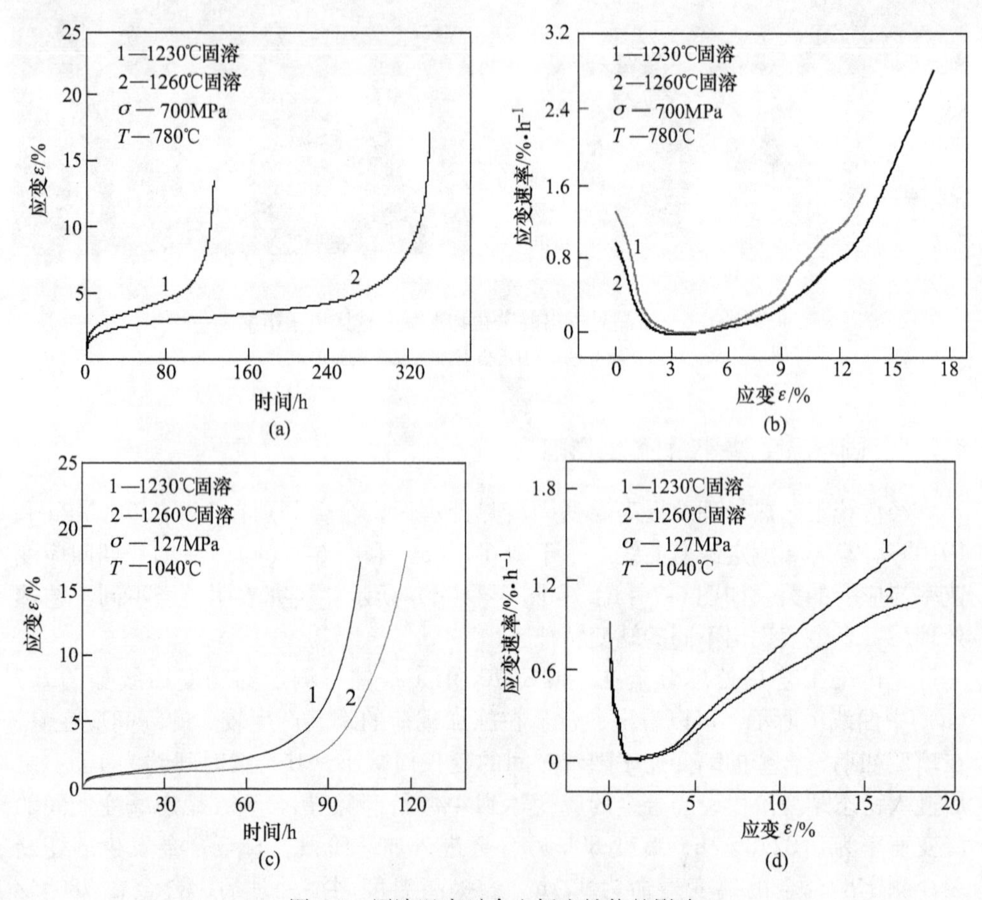

图 6-7　固溶温度对合金蠕变性能的影响

（a）不同固溶温度下的蠕变曲线；（b）不同固溶温度下应变速率与应变的关系；
（c）不同固溶温度下的蠕变曲线；（d）不同固溶温度下应变速率与应变的关系

6.3.6 提高温度固溶处理合金的蠕变行为

合金经1260℃固溶及两级时效处理后，在不同条件下测出的蠕变曲线如图6-8所示。合金在700MPa施加不同温度测定的蠕变曲线示于图6-8（a），可以看出，合金在780℃、790℃和800℃施加700MPa条件下稳态蠕变期间的应变速率分别为0.008%/h、0.024%/h和0.039%/h，蠕变寿命分别为339h、211h和133.4h。

合金在780℃施加700MPa、710MPa和720MPa条件下的蠕变曲线如图6-8（b）所示，其稳态期间的应变速率为0.008%/h、0.01%/h和0.018%/h，蠕变寿命分别为339h、186.7h和131.3h，表明合金经提高温度固溶处理后，具有较好的蠕变抗力和较长蠕变寿命。从图6-8（b）可以看出，当施加应力从700MPa提高到710MPa时，稳态期间的应变速率从0.008%/h提高到0.01%/h，且蠕变寿命从339h减少到186.7h，寿命降低幅度达到45%，当施加应力提高到720MPa时，合金在稳态期间的应变速率和蠕变寿命分别为0.018%/h和131.3h，表明与施加温度相比，当施加应力大于710MPa时，合金呈现出明显的施加应力敏感性。

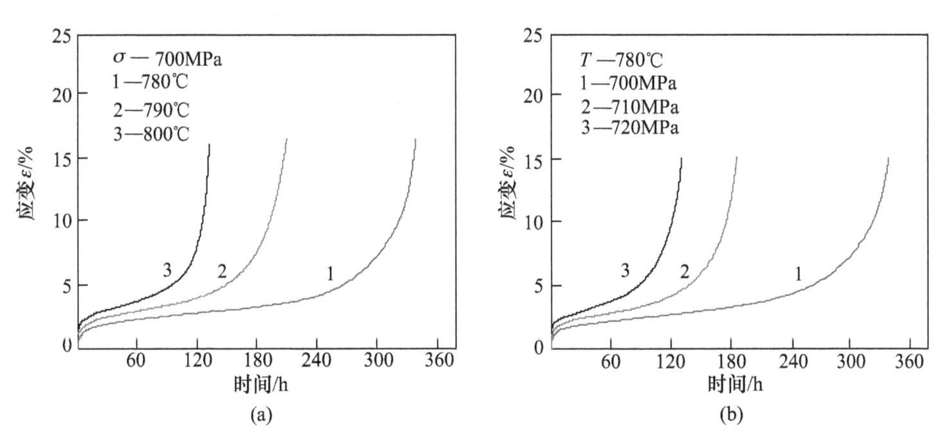

图6-8 合金在低温/高应力条件下的蠕变曲线

（a）在不同温度下施加700MPa应力；（b）在780℃施加不同应力

合金经1260℃固溶及两级时效处理后，在不同应力及温度测定的蠕变曲线如图6-9所示。合金在1040℃分别施加127MPa、137MPa和147MPa测定的蠕变曲线如图6-9（a）所示，测定出稳态期间的应变速率为0.0158%/h、0.0204%/h和0.0268%/h，蠕变寿命分别为119h、98.7h和54.6h。

合金在127MPa施加不同温度，测定出合金的蠕变曲线示于图6-9（b），可以看出，合金在1030℃、1040℃和1050℃稳态蠕变期间的应变速率分别为

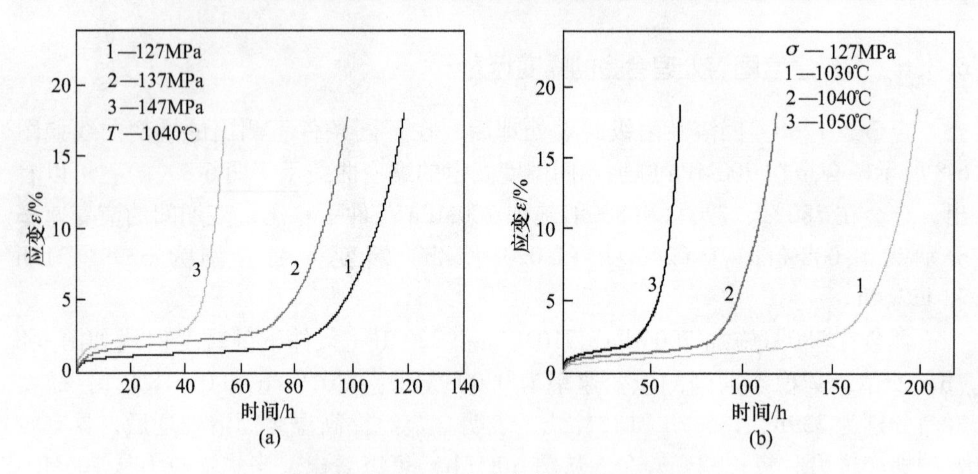

图 6-9　在高温低应力条件下的蠕变曲线

（a）在 1040℃施加不同应力；（b）在不同温度下施加 127MPa 应力

0.0112%/h、0.0158%/h 和 0.0206%/h，蠕变寿命分别为 200h、119h 和 63h。与传统工艺热处理合金相比，高温固溶处理合金的蠕变性能略有提高。

根据图 6-8 中蠕变曲线中的数据，求出合金在近 780℃稳态蠕变期间的应变速率，绘出应变速率与施加温度、应力之间的关系，如图 6-10 所示，其中，应变速率与温度倒数之间的关系示于图 6-10（a），应变速率与施加应力之间的关系如图 6-10（b）所示。由此，计算出该合金在 780～800℃和 700～720MPa 范围内稳态蠕变期间的表观蠕变激活能 $Q=467.25\text{kJ/mol}$，应力指数 $n=12.03$。根据计算的应力指数推断出：在试验的温度和应力范围内，合金在稳态蠕变期间的变形机制为位错在 γ 基体中滑移和剪切进入 γ′相。

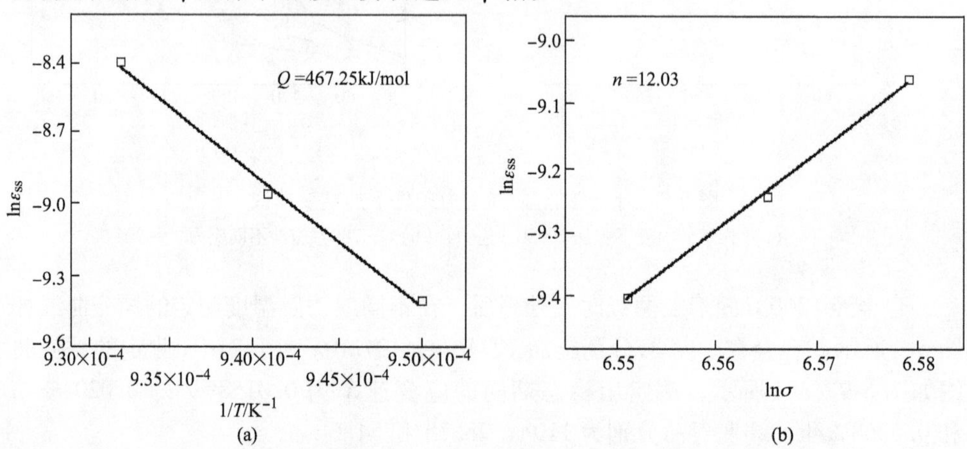

图 6-10　合金在中温高应力稳态蠕变期间的应变速率与施加温度、应力之间的关系

（a）780℃时应变速率与温度关系；（b）780℃时应变速率与施加应力关系

合金在近1040℃高温低应力条件下稳态蠕变期间应变速率与施加温度、应力之间的关系如图6-11所示，其中，应变速率与温度倒数之间的关系示于图6-11(a)，应变速率与施加应力之间的关系示于图6-11（b）。由此计算出合金在1030~1050℃和127~147MPa范围内稳态蠕变期间的表观蠕变激活能$Q=346.243$kJ/mol，应力指数$n=3.8$。根据计算的应力指数推断出：在试验的温度和应力范围内，合金在稳态蠕变期间的变形机制是位错攀移越过γ'相。

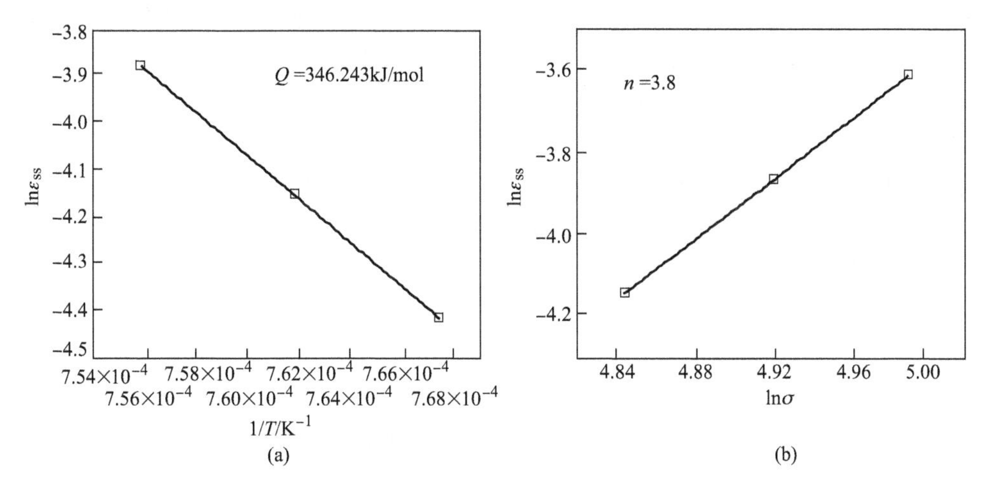

图6-11 合金在高温低应力稳态蠕变期间的应变速率与施加温度、应力之间的关系
（a）1040℃时应变速率与温度关系；（b）1040℃时应变速率与施加应力关系

合金经不同工艺处理后不同条件测定的蠕变性能示于表6-5，可以看出合金经不同热处理制度后在相同蠕变条件下具有不同的蠕变性能。传统热处理后的合金在1040℃/127MPa、1040℃/137MPa、1040℃/147MPa、1030℃/127MPa的蠕变寿命分别为103h、89h、49h、186h，而提高固溶温度热处理合金在该条件下的蠕变寿命分别为119h、99h、55h、200h。其提高比例按照下式计算：

$$k=\frac{f_2-f_1}{f}\times 100\% \qquad (6\text{-}3)$$

式中，k为提高固溶温度后合金蠕变寿命提高比例；f_1为传统热处理合金蠕变寿命；f_2为提高固溶温度热处理合金蠕变寿命。可以看出，经提高固溶温度热处理

表6-5 合金经不同工艺处理后不同条件测定的蠕变性能

项目		1040℃、127MPa	1040℃、137MPa	1040℃、147MPa	1030℃、127MPa
蠕变寿命/h	1230℃固溶	103	89	49	186
	1260℃固溶	119	99	55	200
提高比例/%		15.5	10.1	12.2	7.5

后在 1040℃/127MPa、1040℃/137MPa、1040℃/147MPa、1030℃/127MPa 条件下合金蠕变寿命提高比例分别为 15.5%、10.1%、12.2%、7.5%。表明经高温固溶处理后可较大幅度提高合金高温的蠕变寿命。

6.3.7　蠕变期间的变形特征

提高温度固溶处理合金在 780℃/700MPa 蠕变不同时间，γ′/γ 两相的变形特征如图 6-12 所示。图 6-12（a）为合金蠕变 10h 的微观组织形貌，施加应力的方向如图中箭头所示。可以看出，合金中的 γ′相仍保持较完整的立方体形貌，由于蠕变时间较短，形变量较小（约为2%），并无位错切入 γ′相，仅发生 $a/2\langle 110\rangle$ 位错在狭窄的基体通道中滑移。一些位错沿着垂直应力轴方向滑移，另一部分位错沿着与应力轴成 45°角方向滑移，如图中较细箭头标注所示。当位错在基体通道的 {111} 面滑移，遇到 γ′/γ 两相界面受阻时，致使部分位错弓出，并形成错环，如图中箭头标注所示。

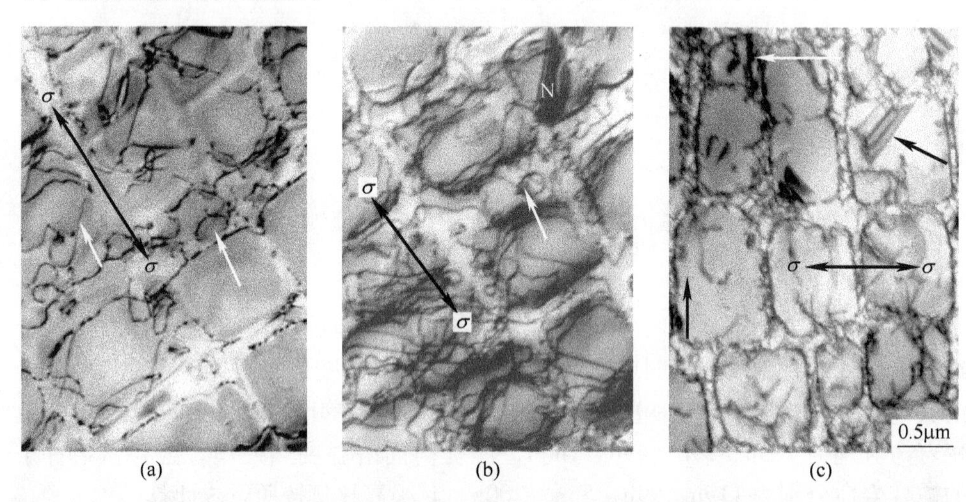

图 6-12　经 1260℃高温固溶及时效处理后，合金经 780℃/700MPa 蠕变不同时间的组织形貌
（a）蠕变 10h；（b）蠕变 200h；（c）蠕变断裂后

合金蠕变 200h 进入稳态阶段后，其变形特征如图 6-12（b）所示，施加应力的方向如图中箭头标注所示，可以看出，随着蠕变时间的逐渐延长，合金基体中的位错密度明显增加，其中位错在基体中滑移的方向与施加应力的方向约为 45°角，与施加载荷的最大剪切应力方向相一致。在施加应力的作用下，位错线在两 γ′相之间弓出，并绕过 γ′相后相遇，形成大量的位错环形貌，如图中箭头标注所示，表明合金中变形位错以 Orowan 机制绕过 γ′相。此外，蠕变期间的一个显著的特征是：基体中的蠕变位错切入 γ′相后发生分解，可形成不全位错加层错的组态，如图中区域 N 所示。

合金蠕变 339h 断裂后的变形特征示于图 6-12（c），可以看出，在合金的局部区域大量基体中的位错呈散乱分布，其中在 γ'/γ 两相界面的位错网已被损坏，如图中水平箭头标注所示，由于合金在此阶段具有较大的应变量，致使大量在基体通道中滑移的位错切入 γ' 相内。由于剪切进入 γ' 相内的位错具有不同的 Burgers 矢量，故位错呈现不同的形态，一些位错成弯曲形态，如图中竖直箭头所示。一些切入 γ' 相内的位错分解为不全位错加层错的组态，如图中倾斜箭头标注所示。

合金经 790℃/700MPa 蠕变不同时间，γ/γ' 两相的变形特征如图 6-13 所示。图 6-13（a）为合金蠕变 50h 的微观组织形貌，施加应力的方向如图中箭头标注所示，可以看出，合金中的 γ' 相仍保持较完整的立方体形貌。由于该区域形变量较小，仅有较少位错切入 γ' 相，而大量 $a/2\langle 110\rangle$ 位错在狭窄的基体通道中滑移。在 γ/γ' 两相界面区域出现了规则的六边形位错网络，如图 6-13（a）中白色方框所示。白色方框区域的放大形貌示于照片的右上角，六边形位错网络如图中箭头所示，蠕变期间形成的规则六边形位错网络可释放 γ/γ' 两相的晶格错配应力。分析认为，蠕变期间基体中激活的位错运动至界面，与位错网相遇发生反应，其分解的分量可改变位错原来的运动方向，促进位错的攀移，发生回复软化的现象，因此，该位错网对蠕变期间因位错塞积产生的形变硬化和回复软化现象具有协调作用，有利于改善合金的蠕变抗力。显然，稳态蠕变期间合金中仅有少量位错切入 γ' 相，与 γ/γ' 两相界面处存在的位错网密切相关。此外，部分切入 γ' 相的位错具有 90°扭折特征，如图 6-13（a）中箭头所示，这归因于位错在 $\{111\}$ 面的交滑移。

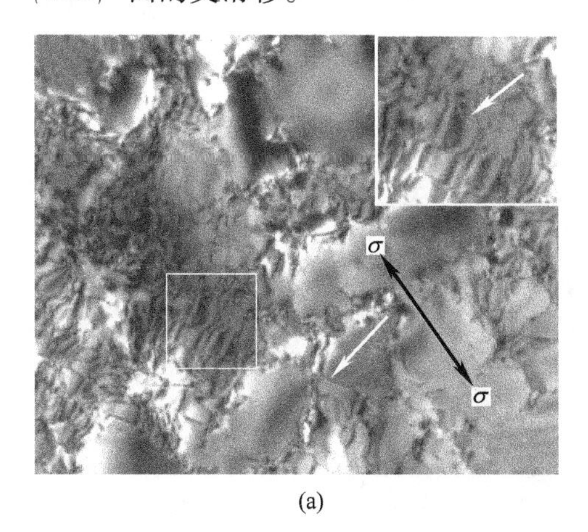

(a)

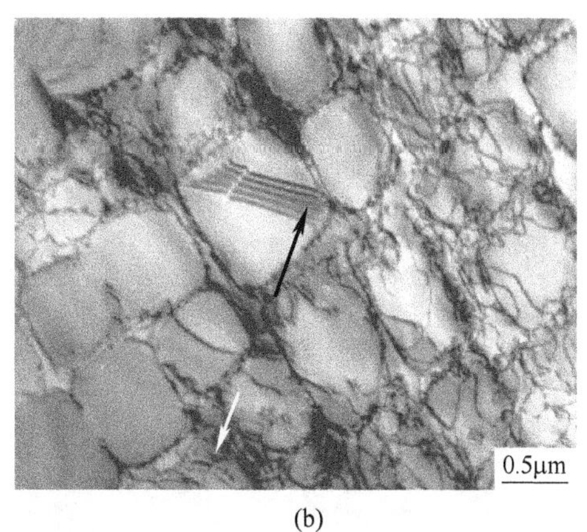

(b)

图 6-13　合金经 790℃/700MPa 蠕变不同时间的组织形貌

（a）蠕变 50h；（b）蠕变 211h 断裂后

合金经 790℃/700MPa 蠕变 211h 断裂后的变形特征示于图 6-13（b），可以看出，γ′相已由原来规则的立方γ′相形貌转变成边角圆滑的类球形形态，表明合金在蠕变期间已发生了元素的扩散。相对于稳态蠕变阶段，合金在蠕变后期切入γ′相的位错数量明显增多。随蠕变的进行，合金的形变量增加，蠕变期间激活的位错在γ/γ′两相界面塞积，形成位错缠结，如图6-13（b）中白色箭头所示。蠕变期间形成的位错塞积，可产生应力集中，当应力集中区域的应力值大于γ′相的屈服强度时，界面位错网可被损坏，使基体中蠕变位错在位错网损坏处切入γ′相内。且切入γ′相的位错可发生分解，形成不全位错加层错的位错组态，如图6-13（b）中黑色箭头所示，其中一个不全位错位于γ/γ′两相界面，另一不全位错位于γ′相内。

提高温度固溶处理合金在1040℃、137MPa蠕变不同时间的变形特征如图6-14所示，施加应力的方向如图中箭头所示。图6-14（a）为合金蠕变40min后的组织形貌，可以看出，大部分γ′相仍保持立方体形态，仅有少量γ′相相互连接形成串状结构，如图中箭头所示，这归因于蠕变时间较短，元素扩散量较小所致，并且合金的应变量仅为1%，故位错仅在基体通道中滑移，并无切入γ′相。合金经1040℃/137MPa蠕变40h后已经进入稳态阶段，其变形特征如图6-14（b）所示，施加应力方向如图中箭头所示。此时合金的应变量约为2.0%，其γ′相已经沿垂直于应力轴方向转变成完整的筏状结构，基体通道明显变宽，且在γ/γ′两相界面分布着稠密的四边形位错网，如图中白色箭头所示。在蠕变初始阶段，位错仅在基体通道中滑移，且具有不同柏氏矢量的蠕变位错在基体中相遇，可发生反应形成位错网，存在于γ′/γ两相界面。随着蠕变的进行，γ基体中位错运动至两相界面，与位错网相遇，进一步发生反应，改变原来位错运动的方向，可促进位错的攀移，延缓应力集中，并延迟位错切入γ′相。因此，γ′相的尺寸均匀性有利于改善和提高合金的蠕变抗力，延长合金的蠕变寿命。

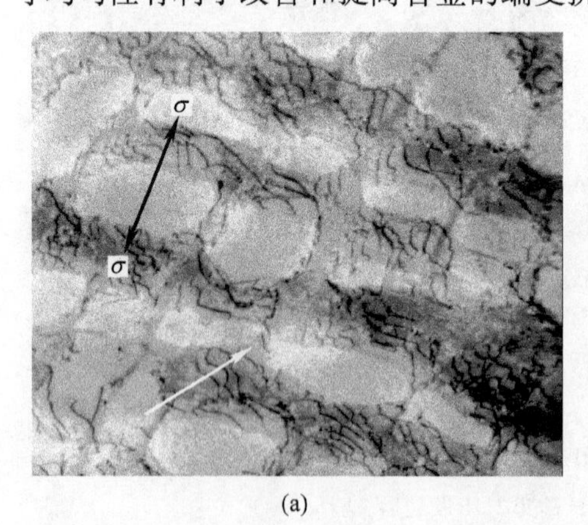

(a)

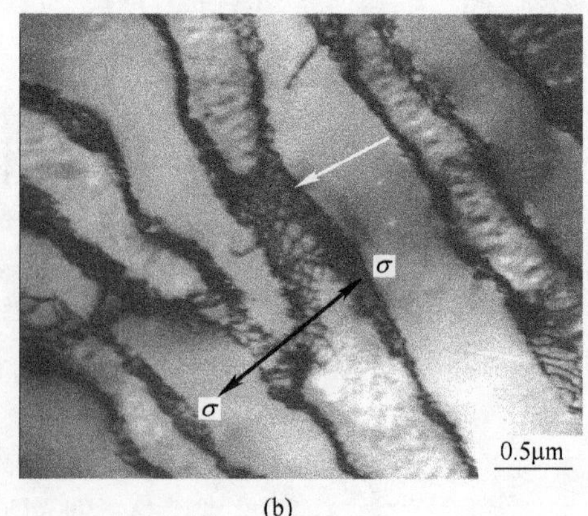

(b)

图6-14　在1040℃、137MPa蠕变不同时间的组织形貌
（a）蠕变40min；（b）蠕变20h

经 1040℃/137MPa 蠕变 99h 断裂后合金不同区域的微观组织形貌如图 6-15 所示。其远离断口区域的组织形貌如图 6-15（a）所示，可以看出，合金中的立方 γ′相已经完全转化为与应力轴垂直的筏状结构，其施加应力的方向如图中箭头标注所示。由于蠕变温度较高，其筏状 γ′相的厚度尺寸略有增加，约为 0.5μm，且筏状 γ′相已发生扭折，仅有较少的位错切入筏状 γ′相内，这归因于该区域远离断口受到的有效应力较小、形变量较小所致。且在 γ′/γ 两相之间存在大量界面位错，如图中黑色箭头标注所示。

在近断口区域的组织形貌如图 6-15（b）所示，由于合金在该区域的形变量较大，且在局部区域的界面位错网已经破损，如图中箭头所示，故有大量位错在位错网损坏区域切入 γ′相，致使合金的应变量进一步增大，直至合金发生蠕变断裂。蠕变后期，大量位错切入 γ′相的事实表明，此时合金已经失去蠕变抗力。

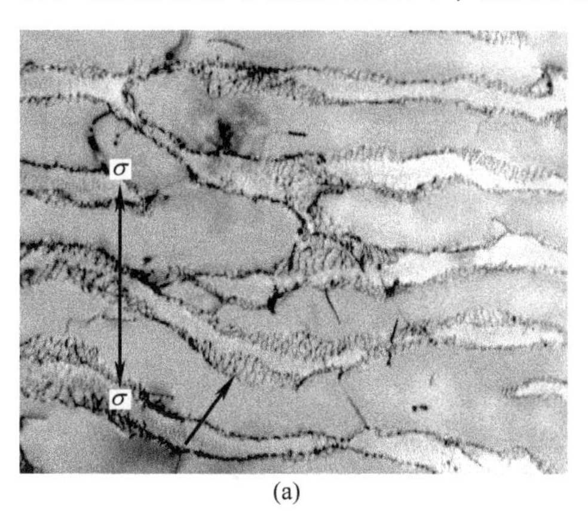

(a)

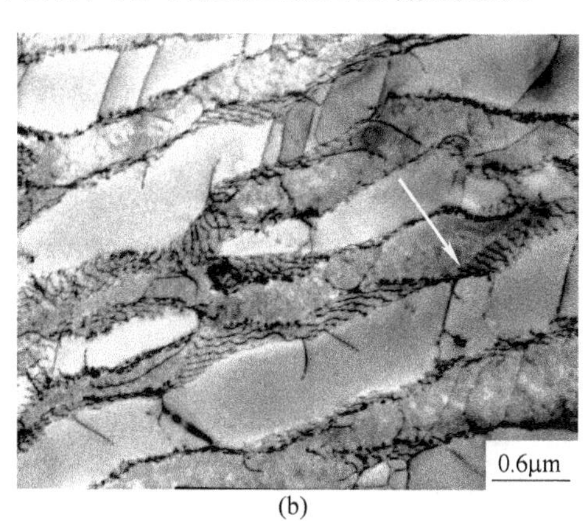

(b)

图 6-15　合金在 1040℃/137MPa 蠕变断裂后的组织形貌
（a）远离断口区域；（b）近断口区域

6.3.8　蠕变期间的断裂特征

提高温度固溶处理合金经 780℃/700MPa 蠕变不同时间的表面形貌如图 6-16 所示，施加应力的方向如图中标注所示。样品蠕变 280h 的表面组织形貌示于图 6-16（a），合金蠕变 280h 应变量达 5.5%，已经进入加速蠕变阶段。由于该区域存在扭曲晶界，尽管合金中 γ′相仍为立方体形态，但晶界处已出现孔洞，如图 6-16（a）中箭头标注所示。由于大量位错在近晶界区域塞积，当塞积位错产生应力集中，且应力集中值超过晶界的屈服强度值时，裂纹可在晶界处萌生。由于裂纹萌生的瞬间，可释放应力集中，使应力集中值降低，因此合金的蠕变可平稳进行。分析认为，蠕变期间当施加载荷沿晶界产生分切应力时，其分切应力可促使裂纹沿晶界扩展，加之与应力轴约为 45°角的晶界承受施加载荷的最大剪切应力，故可促使与应力轴呈 45°角的晶界出现较大裂纹，如图 6-16（a）中箭头所示。此外，晶界处存在粒状碳化物，如图中细小箭头所示，该粒状碳化物具有抑制晶界滑移和阻碍裂纹扩展的作用。

蠕变的较后阶段，孔洞在晶界处发生聚集和长大，直至发生裂纹的萌生。进一步随蠕变进行，合金的应变量增大，使裂纹沿晶界扩展。不同横断面扩展裂纹相互连接，使合金承载的有效面积减小，有效应力增大，可使合金的应变进一步增大。当裂纹尖端的张开位移增加到临界值时，裂纹发生失稳扩展，直至蠕变断裂，是合金在中温蠕变期间的断裂机制。经 780℃/700MPa 蠕变断裂后，合金中与应力轴呈 45°角的晶界易于发生裂纹的萌生与扩展，使其沿晶界形成较大的裂纹，如图 6-16（b）所示。蠕变期间合金中裂纹易在晶界处形成，并沿晶界扩展的事实表明，晶界仍是合金蠕变强度的薄弱环节。

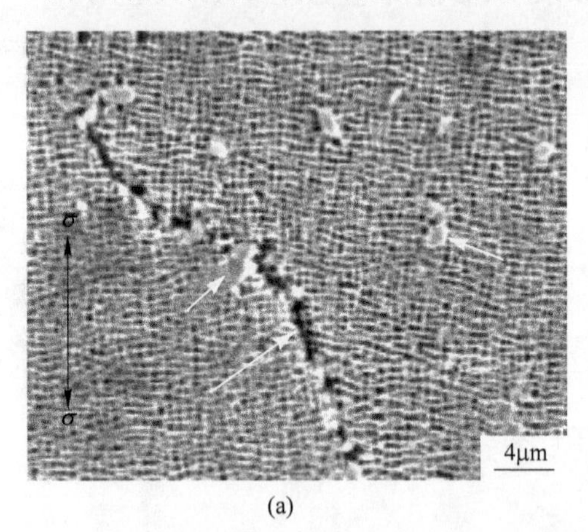

(a)

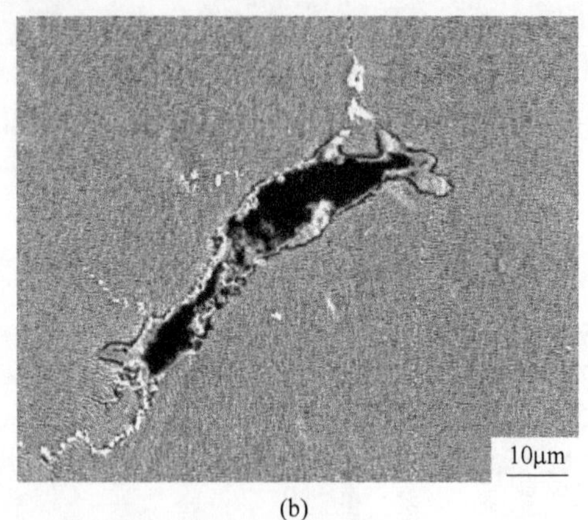

(b)

图 6-16　合金在 780℃/700MPa 蠕变不同时间的表面形貌
（a）蠕变 280h；（b）蠕变断裂后

提高温度固溶处理合金在 1040℃/137MPa 的蠕变后期，样品表面发生裂纹萌生与扩展的形貌如图 6-17 所示，样品施加应力的方向如图中箭头标注所示。合金蠕变 80h 后进入加速蠕变阶段，在与应力轴呈 45°角晶界处首先发生裂纹的萌生，如图 6-17（a）中箭头标注所示。随着蠕变的进行，在施加应力的作用下裂纹沿晶界扩展，使相邻的微孔洞或微裂纹相互连通，直至发生蠕变断裂是合金的蠕变断裂机制。其中，合金蠕变 119h 断裂后，在晶界区域发生裂纹扩展，其形貌示于图 6-17（b），可以看出，在近晶界区域的 γ′相筏状结构发生扭曲，表明与基体相比，晶界仍是合金中强度较低的薄弱区域，故随蠕变进行，裂纹首先在合金的晶界处萌生，并沿晶界扩展是合金在高温蠕变期间的断裂机制。

经 790℃/700MPa 蠕变不同时间，在样品另一区域的表面形貌如图 6-18 所示，施加应力方向和滑移系的迹线方向如图中箭头所示。合金蠕变 150h 进入加

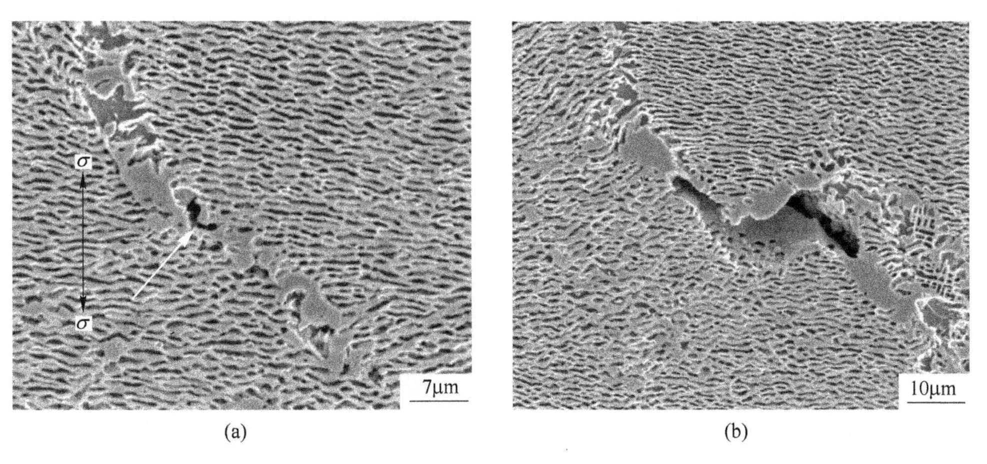

(a) (b)

图 6-17 合金在 1040℃/137MPa 蠕变不同时间的表面形貌
(a) 蠕变 80h；(b) 蠕变断裂后

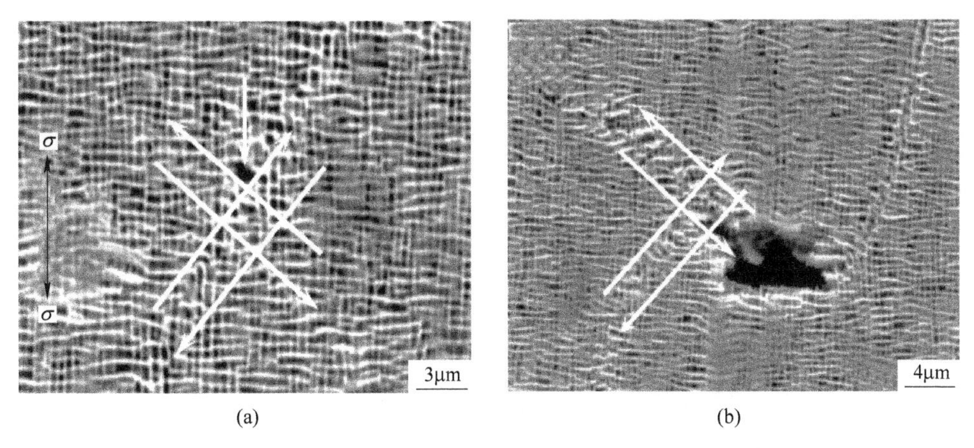

(a) (b)

图 6-18 经 790℃/700MPa 蠕变不同时间样品表面的形貌
(a) 蠕变 150h；(b) 蠕变 211h 断裂后

速阶段的组织形貌示于图 6-18（a），在样品的局部区域，出现与施加应力呈 45°角的双取向滑移迹线，如图 6-18（a）中线段表示。可以看出，滑移系的迹线方向与施加应力呈 45°角，应为施加载荷的最大分切应力所致。分析认为，蠕变后期，随蠕变进行，主/次滑移系交替开动，可使 γ/γ′两相发生扭折，特别是两组滑移线相互交割，使其在两滑移带交割区域产生空洞，随蠕变进行，该区域的孔洞聚集长大，可形成微裂纹，如图 6-18（a）中箭头所示。

经 790℃/700MPa 蠕变断裂后，样品近断口区域的裂纹萌生与扩展形貌示于图 6-18（b）。蠕变后期，随蠕变进行，主/次滑移系的交替开动，使样品沿垂直于应力轴方向发生塑性变形，特别是在滑移迹线交割区域产生应力集中，促使其形成微裂纹。进一步随蠕变进行，主次滑移系的交替开动，使多个微裂纹扩展及相互连接，形成大裂纹，如图 6-18（b）中箭头所示。当不同横断面多个大裂纹扩展后相互连接，使合金承载的有效面积减小，有效载荷应力增大，进入裂纹失稳扩展阶段，直至发生合金的蠕变断裂，是合金蠕变后期的损伤与断裂机制。

6.4 讨论

6.4.1 γ′相形态对持久性能的影响

在中温蠕变期间，合金中的 γ′相仍保持立方形态，其变形机制是位错在基体中滑移，或以攀移的方式绕过 γ′相或切入 γ′相，并且合金在不同蠕变阶段具有不同的蠕变机制。合金在初始蠕变阶段的主要变形机制是位错在基体中的滑移和弓出，当位错在基体通道中滑移时，其开动的滑移系为｛111｝〈110〉。当位错滑移至 γ′相受阻时，位错可在两立方 γ′相之间的通道中发生位错弓出，而当位错在基体通道中弓出时，所需应力必须克服局部的 Orowan 阻力，其克服 Orowan 阻力所需的临界切应力可表示为[131]：

$$\tau_{or} = k\frac{\mu b}{h} \tag{6-4}$$

式中，μ 为剪切模量；b 为柏氏矢量；h 为基体通道的宽度；k 为与施加应力相关的常数。

当施加应力的方向为［001］时，在（001）晶面的基体通道受到拉应力，$k=1$；但在（010）和（100）晶面承受压应力，$k>1$。即：位错在垂直于应力轴的水平通道中运动时，需克服的阻力较小，位错在立方 γ′相的竖直基体通道中位错运动阻力较大，因此，位错在水平基体通道中位错密度较大[132]。此外，位错在基体中运动的阻力与基体通道的宽度（h）有关，当 γ′相尺寸较大时，基体通道较宽，当 γ′相尺寸较小时，基体通道较窄。根据公式（6-4）可知，随基体通道宽度的增加，位错在基体中运动的阻力减小，位错的弓出易于进行，而随基体通道尺寸的减小，位错弓出的阻力增加。传统工艺热处理合金中枝晶间区域立方 γ′相和基体通道的尺寸较大，因此，位错在该区域运动的抗力较小，易于位错的滑移和弓出，是使合金具有较高应变速率、较短蠕变寿命的重要原因。而高温固溶处理合金具有较小尺寸的 γ′相和基体通道尺寸，故位错在基体通道中滑移和弓出的阻力较大。因此，合金具有较低的应变速率和较长的蠕变寿命。

位错在不同尺寸的基体通道中滑移及弓出的示意图如图 6-19 所示。经传统工艺热处理后，合金中存在粗大的立方 γ′相和较宽的基体通道，如图 6-19（a）所示，经提高温度固溶处理后，合金中立方 γ′相和基体通道尺寸的示意图如图 6-19（b）所示，施加应力的方向如图中箭头所示。直线 1 为位错在基体通道中滑移，直线 2 为位错在基体通道中的交滑移，位错在不同宽度的基体通道中弓出的示意图如图 6-19（a）和（b）所示。与传统工艺热处理相比，合金经高温固溶处理后，具有尺寸较小的 γ′相和基体通道，根据公式（6-3）可知，当位错在较小尺寸的基体通道中弓出时，需克服较大的 Orowan 阻力，所以经高温固溶处理合金具有较好的蠕变抗力和较长蠕变寿命。

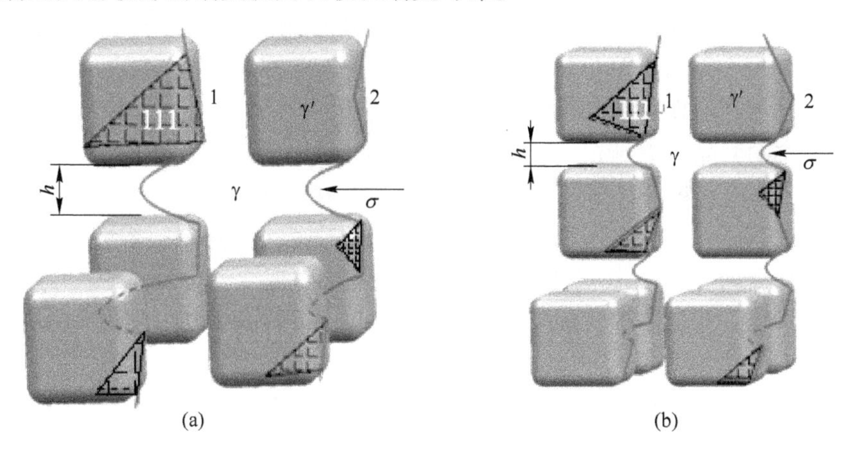

图 6-19　位错在不同尺寸的基体通道中滑移及弓出的原理示意图
（a）位错在较宽通道中的交滑移和弓出；（b）位错在较窄通道中的交滑移和弓出

此外，在蠕变初始阶段，当位错在基体通道中滑移时，由于位错之间的相互作用可形成位错网，并存在于 γ′/γ 两相界面，随着蠕变的进行，当 γ 基体中位错运动至两相界面，与位错网相遇，可进一步发生反应，改变原来位错运动的方向，促进位错的攀移，延缓应力集中，及延迟位错切入 γ′相。因此，改善合金中 γ′相的尺寸均匀性，有利于提高合金的蠕变抗力，延长合金的蠕变寿命。

随蠕变进入第三阶段，合金中大量的位错在近 γ′相区域发生堆积，并产生应力集中，当应力集中的值大于 γ′相的屈服强度时，位错可在塞积区剪切进入 γ′相，如图 6-12 所示。其中，位错切入 γ′相的临界切应力值（τ_{cs}）可表示为[133]：

$$\tau_{cs} = \frac{\eta}{b}\left(\frac{0.3\eta fr}{T}\right)^{1/2} \tag{6-5}$$

式中，T 为位错张力；r 为 γ′相的半径；b 为柏氏矢量；f 为 γ′相的体积分数；η 为位错切入 γ′相的反相畴界能。该式表明，位错切入 γ′相的临界切应力，随着 γ′相的尺寸、体积分数和反相畴界能的增大而增大。

分析认为，经不同工艺热处理可使合金中 γ′相具有不同的尺寸和体积分数。尽管根据公式（6-5）可知，粗大的 γ′相可以提高位错切入 γ′相的临界切应力值（τ_{cs}），从而提高合金的蠕变性能，但伴随 γ′相长大的同时，也使 γ 基体通道的尺寸增加，因而也可大幅度降低位错在基体中滑移和弓出的临界切应力。且与前者相比，后者对合金的蠕变性能影响更大，因此，尽管通过提高温度固溶处理减

小了合金中 γ′相的尺寸，但也减小了基体通道的尺寸（h），其综合作用可大幅度提高合金的蠕变抗力。

6.4.2　固溶温度对γ′相尺寸及蠕变抗力的影响

定向凝固合金的力学和蠕变性能与 γ′相、碳化物的尺寸、形态、分布，以及 γ′/γ 两相的晶格常数及晶格错配度有关，其中，γ′相的尺寸、形态和分布可以通过不同工艺的热处理制度来调整。

合金中的共晶组织具有较低的熔点，存在于枝晶间区域，因此，为了避免合金的初熔，固溶温度必须低于合金的初熔温度。在铸态合金中，难熔元素 W、Cr 富集在枝晶干区域，Al、Ta 富集在枝晶间区域，如表 6-1 所示，当合金在 1230℃进行固溶处理时，由于温度低于合金中 γ′相的溶解温度，合金中粗大的 γ′相和共晶组织不能被完全溶解。故时效过程中，在枝晶干中细小的 γ′相和枝晶间区域粗大的 γ′相均可同时长大，致使含有少量 W、Cr、Co 元素的粗大 γ′相可进一步长大至 1～1.5μm 的立方体形态，而在枝晶干区域中细小 γ′相可进一步长大至尺寸约为 0.4μm 的立方体形态。因此，经较低温度固溶处理，合金中枝晶干/间区域存在明显的组织不均匀性，其中，粗大 γ′相存在于枝晶间区域，细小 γ′相存在于枝晶干区域。

热处理期间，固溶温度和保温时间以及冷却速率对合金中 γ′相的形态、尺寸及分布均有影响。特别是在固溶处理期间，合金中元素得到充分的扩散是使其化学成分均匀化的热运动过程。当合金的固溶温度提高到 1260℃时，固溶处理期间在枝晶间区域的粗大 γ′相可以完全溶解，并使枝晶间区域的难熔元素 W、Cr、Co 可以扩散到枝晶干区域，随后，在冷却过程中细小的 γ′相在基体中弥散析出。在时效期间，高合金化程度的立方 γ′相长大到尺寸约为 0.4μm，并均匀分布在枝晶干和枝晶间区域。因此，提高温度固溶处理合金中的立方 γ′相可在枝晶间/干区域均匀分布。

合金中 γ′相和 γ 基体相的蠕变抗力与各自的合金化程度有关。γ′和 γ 两相的固溶强化抗力可表示为 $\tau_{ss}=AC^{1/2}$，表明 γ′/γ 两相的固溶强化抗力（τ_{ss}）随着溶入原子浓度 C 的提高而提高，其中 A 是常数。因此，合金中 γ′和 γ 两相的固溶强化效果随着固溶温度的升高而升高，并可以提高合金的蠕变抗力。

在蠕变初始阶段，位错在基体通道中滑移，当在基体中滑移的位错发生反应时可形成位错网，并存在于 γ′/γ 两相界面。随着蠕变的进行，γ 基体中位错运动至两相界面，与位错网相遇，可进一步发生反应，改变原来位错运动的方向，促进位错的攀移，延缓应力集中，并延迟位错切入 γ′相。因此，γ′相的尺寸均匀性有利于改善和提高合金的蠕变抗力，延长合金的蠕变寿命。

6.4.3 裂纹萌生与扩展的理论分析

多晶镍基合金在670℃/700MPa 蠕变期间，微裂纹首先在垂直于应力轴的晶界处产生，随蠕变进行，裂纹逐渐沿晶界扩展，直至发生合金的沿晶断裂，且断口中的表面光滑、无析出物，表明合金在蠕变期间的裂纹扩展阻力较小。

尽管采用定向凝固技术可以消除定向凝固合金中与应力轴垂直的横向晶界，但在合金的枝晶间区域仍然存在与应力轴倾斜的晶界，如图 2-7（b）所示。且合金中的竖直或倾斜晶界仍是蠕变强度的薄弱环节。蠕变期间，随蠕变时间延长，合金的应变增大，且空位扩散至晶界区域，发生空位的聚集长大，形成空洞或微裂纹。进一步，随蠕变的进行，裂纹发生扩展，直至发生蠕变断裂，是蠕变较后阶段合金发生蠕变损伤和断裂的机制。

其中，合金蠕变期间单位面积晶界处空洞的形核数量为[134]：

$$N_0 = (C_{max} - C)\exp\left(-\frac{\Delta G_C}{RT}\right) \tag{6-6}$$

式中，C_{max}为单位晶界面积可形成空洞数量的最大值；C 为晶界处已形成空洞的数量；R 为气体常数；T 为绝对温度；ΔG_C为空洞形核功，ΔG_C的表达式为[135]：

$$\Delta G_C = \frac{4\gamma_s^3}{\sigma_n^2} f_p(\varphi) \tag{6-7}$$

式中，γ_s为单位面积空洞表面能；σ_n为晶界施加的正应力；$f_p(\varphi)$ 为形状因子；φ 为润湿角。

蠕变期间，晶界处半径 $R_C = (2\gamma_s)/\sigma_n$的空洞处于临界状态，其中，该空洞获得一个空位可形成稳定的核心而长大，而失去一个空位则空洞尺寸减小而消失。且空洞的形核率（N）正比于晶界处空洞的形核数量（N_0）与单位时间内空位扩散进入空洞的速率（β）。此时，晶界处空洞的形核率可表示为[136]：

$$\begin{aligned} N = \beta N_0 &= 4\frac{2f_p(\varphi')\gamma_s}{\Omega^{4/3}\sigma_n}\exp\left(\frac{\sigma_n\Omega}{RT}\right)\delta_B D_B(C_{max} - C)\exp\left[-\frac{4\gamma_s^3 f_p(\varphi')}{\sigma_n^2 kT}\right] \\ &= \frac{8f_p(\varphi)\gamma_s\delta_B D_B}{\sigma_n\Omega^{4/3}}(C_{max} - C)\exp\left(\frac{\sigma_n^3\Omega - 4\gamma_s^3 f_p(\varphi)}{\sigma_n^3 kT}\right) = \frac{A\gamma_s}{\sigma_n}(C_{max} - C)\exp\left(\frac{\sigma_n^3\Omega - 4\gamma_s^3 f_p(\varphi)}{\sigma_n^3 kT}\right) \end{aligned} \tag{6-8}$$

因此，蠕变期间，空洞的形核率（N）与晶界厚度（δ_B）、原子体积（Ω）、空位平衡浓度（C_0）、晶界施加的正应力（σ_n）、空位在晶界的扩散系数（D_B）有关。

蠕变期间，合金的变形机制是位错在基体中滑移，当位错滑移至晶界受阻并在晶界处塞积时，可在近晶界区域产生应力集中。该应力集中可致使晶界区域的空洞发生裂纹的萌生与扩展。

因为裂纹尖端前方的应力梯度为蠕变和扩散提供了驱动力，蠕变和扩散松弛使应力梯度减小，而应力松弛过程中裂纹在不断扩展，导致裂纹延长面上任意一点 r 处的应力随蠕变松弛而降低的同时又因为裂纹长度的增加而升高。如此循环下去，导致在蠕变过程中，小裂纹不断扩展形成大裂纹，直至合金蠕变断裂。

为了计算裂纹尖端的张开速率 y，可将损伤晶界看成是均匀塑性体中的一个裂纹，其长度为 d，裂纹尖端正应力为 σ_s，远场应力为 σ_∞，相应的蠕变速率为 $\dot{\varepsilon}_\infty$，因此得到裂纹尖端的张开速率 y，即：

$$y = k\left[\frac{(\sigma_s - \sigma_\infty)}{\sigma_\infty}\right]\dot{\varepsilon}d \tag{6-9}$$

式中，k 为无量纲常数。

裂纹尖端正应力 σ_s 正比于晶界所受的剪切应力，且晶界所受的剪切应力可表示为：

$$\tau = \sigma_0/(2\sin2\alpha)$$

式中，τ 为不同倾斜角度晶界所受的剪切应力；σ_0 为施加应力；α 为横截面外法线与斜截面外法线之间的夹角。

可以看出，当 $\alpha=45°$时，$\sin2\alpha$ 有最大值。因此，蠕变期间，在竖直晶界中发生裂纹萌生与扩展的机率较小。而沿与应力轴成 45°方向的晶界承受最大剪切应力。因此与应力轴成 45°的晶界上的空洞易发生扩展，形成大裂纹。

由于蠕变速率（$\dot{\varepsilon}$）与在单位面积晶界上裂纹尖端的张开速率（y）成正比，因此，蠕变速率可表示为：

$$\dot{\varepsilon} = Ay \tag{6-10}$$

式中，A 为修正后的常数。

由式（6-9）可以得出结论，蠕变速率强烈地依赖于裂纹尖端的张开速率，在蠕变稳态阶段，裂纹以一定的张开速率扩展，随着蠕变进行，微小裂纹扩展成宏观裂纹，而宏观裂纹尖端的应力集中值非常大，导致应变速率加大，进入到蠕变第三阶段，直至合金蠕变断裂，这与实际结果相一致。

合金在蠕变期间，裂纹首先在晶界区域发生萌生与扩展，如图 6-20 所示。此外，合金中存在与应力轴平行或倾斜的晶界，由于晶界与应力轴的角度与晶界的受力状态有关，因此，合金中不同形态晶界的裂纹萌生与扩展具有不同的特征。

由上述讨论已知，在最大剪切应力作用下，合金中倾斜晶界易于发生裂纹的萌生与扩展，如图 6-20（a）和（b）所示。施加应力的方向如图中箭头所示。合金中的晶界与应力轴成 45°，如图 6-20 中黑色实线所示。由于与应力轴成 45°的晶界承受最大剪切应力，因此，在 45°晶界处易于形成空洞，如图 6-20（a）中箭头标注所示。随蠕变进行，空位在晶界处生成，并沿晶界扩散至空洞，空洞吸收空位而长大，使两个相邻空洞相连接，可形成较大裂纹。其中，晶界处孔洞聚集长大，形成微裂纹，如图 6-20（b）中小箭头所示。在蠕变的较后期间，微裂纹进一步沿晶界扩展，可形成较大裂纹，如图 6-20（b）中大箭头所示。随着蠕变的进行，不同横断面的裂纹进一步扩展，致使裂纹相互连接，直至发生合金的蠕变断裂，是蠕变后期合金的损伤与断裂机制，以上分析与图 4-14 所示观察结果相一致。

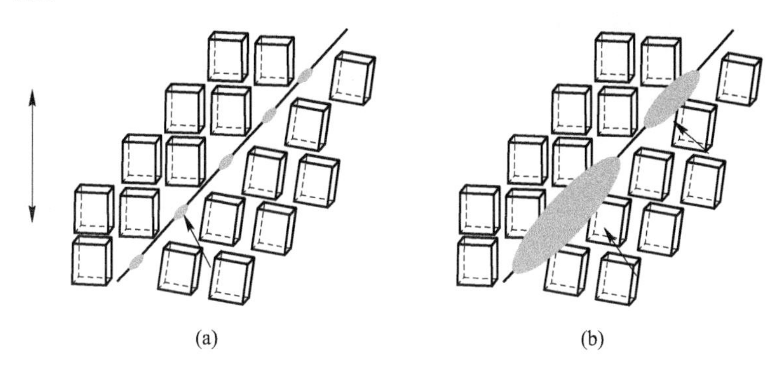

图 6-20 裂纹沿晶界萌生及扩展示意图

（a）蠕变 150h；（b）蠕变 211h 断裂后

蠕变期间，位错首先在合金的基体中激活和滑移，当位错滑移至晶界受阻时，可在晶界处塞积，如图 7-5 所示，并在晶界区域产生应力集中。其中，因位错塞积在晶界区域引起的应力集中值可表示为：

$$\sigma = n\sigma_0$$

式中，σ 为晶界承受的应力集中值；σ_0为施加应力。

上式表明，蠕变期间，合金晶界区域产生的应力集中值约为施加应力的 n 倍，因此，晶界是合金蠕变强度的薄弱环节。

6.5 本章小结

本章通过提高温度对合金进行固溶处理及蠕变性能测试、组织形貌观察，考察 γ′相、碳化物尺寸、形态、分布对合金蠕变性能的影响，研究固溶温度对 DZ125 合金组织与蠕变性能的影响，得出主要结论如下：

（1）合金经高温固溶及时效处理后，可明显降低难熔元素在枝晶臂/枝晶间的偏析程度，且合金中粗大 γ′相已完全溶解，高体积分数、尺寸细小的立方 γ′相以共格方式嵌镶在合金的基体中，并有细小粒状碳化物沿晶界析出，可抑制晶界滑移，明显改善合金的中温蠕变性能。

（2）经高温固溶及时效处理后，合金中 γ′、γ 两相的晶格常数和晶格错配度略有减小。

（3）蠕变后期，合金中裂纹首先在晶界处萌生，并沿晶界扩展，且不同形态晶界具有不同的损伤特征，其中，与应力轴呈45°晶界承受较大的剪切应力，可使裂纹在与应力轴呈45°晶界处萌生与扩展。

（4）随蠕变进行至后期，主、次滑移系的交替开动，滑移迹线的相互交割，使两滑移带相交区域的γ/γ'两相界面处产生孔洞，随后发生孔洞的聚集长大，形成微裂纹，并沿与应力轴成45°的晶界扩展，直至发生蠕变断裂，是合金在中温蠕变后期的损伤与断裂特征。

7 固溶温度对碳化物形态演化及蠕变性能的影响

7.1 引言

定向凝固镍基合金的组织结构主要由立方 γ′相以共格方式嵌镶在 γ 基体中，以及在晶界和晶内析出不同形态的碳化物组成，其中，加入 W、Cr、Mo 和 Ta 等高熔点难熔元素可强化 γ′和 γ 两相，并在热处理和服役期间促使 M_6C、$M_{23}C_6$ 和 MC 等碳化物析出[137~140]，当大量细小粒状碳化物在晶内和沿晶界析出并均匀分布时，可阻碍位错运动、抑制晶界滑移，故可大幅度提高合金的蠕变抗力[141~143]。但随着合金中碳化物尺寸增大、棱角增多，蠕变期间在近碳化物区域易于产生应力集中，并促使裂纹沿碳化物/基体界面发生裂纹的萌生与扩展，其中，汉字型和条状粗大的 MC 型碳化物是可促使裂纹萌生的起源地[144]，且碳化物与基体之间的界面是裂纹易于扩展的通道[145~150]。即：析出碳化物的形态、尺寸与分布对合金的高温性能、蠕变寿命和服役期间的可靠性具有重要的影响，因此，碳化物的演化规律及控制碳化物形态得到广泛的研究[151]。

合金在凝固期间主要析出 MC 型块状碳化物，而粒状 $M_{23}C_6$ 型碳化物则主要在热处理及服役期间因过饱和自基体和沿晶界析出，或由 MC 型碳化物蜕化而成[152~155]。由于沿晶界析出的粒状碳化物可抑制晶界滑移，且延缓裂纹扩展速率，故断口呈现沿晶韧性断裂特征[156~158]。

尽管定向凝固合金中已消除了横向晶界，但仍存在与应力轴平行的纵向晶界，其蠕变损伤仍是合金在高温服役期间的主要失效形式[159]。由于高温蠕变期间碳化物的形态、尺寸、数量与蠕变抗力密切相关，故热处理对合金组织结构与性能的影响得到广大研究者的重视[160]。但合金中碳化物在热处理及服役期间的演化规律，以及碳化物形态对裂纹萌生与扩展特征的影响并不清楚。

据此，本章通过对一种定向凝固镍基合金进行不同工艺的热处理，并对其进行蠕变性能测试和 SEM、TEM 形貌观察，考察热处理工艺对合金中碳化物尺寸、形态与分布的影响，研究碳化物形态对合金蠕变行为及断裂机制的影响，试图为合金的发展与应用提供理论依据。

7.2 实验方法

7.2.1 合金的热处理

根据差热曲线分析结果，结合金相尝试法，了解合金的初熔温度，对试样进行不同条件下的热处理，以考察热处理对合金组织结构与蠕变性能的影响。选取的热处理工艺如下：

（1）1180℃×2h+1230℃×4h，空冷+1100℃×4h，空冷+870℃×20h，空冷；

（2）1180℃×2h+1260℃×4h，空冷+1100℃×4h，空冷+870℃×20h，空冷。

7.2.2 组织形貌观察

不同状态及经不同条件蠕变断裂后的合金，对其进行机械研磨及抛光，并进行化学腐蚀。选择的腐蚀液为 NHO_3+HF+$C_3H_8O_3$，其体积比为 1∶2∶3。将不同状态的合金经化学腐蚀后，采用 LEICA 光学显微镜及带有能谱的 S-3400 型扫描电子显微镜（SEM）进行组织形貌观察。

7.3 实验结果与分析

7.3.1 热处理对碳化物形态的影响

铸态合金中的共晶组织及碳化物形态如图 7-1 所示，可以看出，共晶组织存在于枝晶间区域，并呈现放射状形态，放射状的心部组织细密，由细小的 γ'/γ 两相组成，如图 7-1 中区域 C 所示，其放射状周围区域为粗大 γ'相。并有粗大块状碳化物存在于枝晶间和枝晶干区域，如图 7-1 中箭头所示，SEM/EDS 成分分析表明，块状碳化物中各元素的原子数分数分别为：17.2%C、13.4%B、9.93% Hf、12.49% Ta 和 10.34%W，其中，C、B 和 Hf、Ta、W 的原子数分数比约为 1∶1。由此可间接鉴定出该碳化物为 M(W,Ta,hf)C(C,B) 型碳化物。

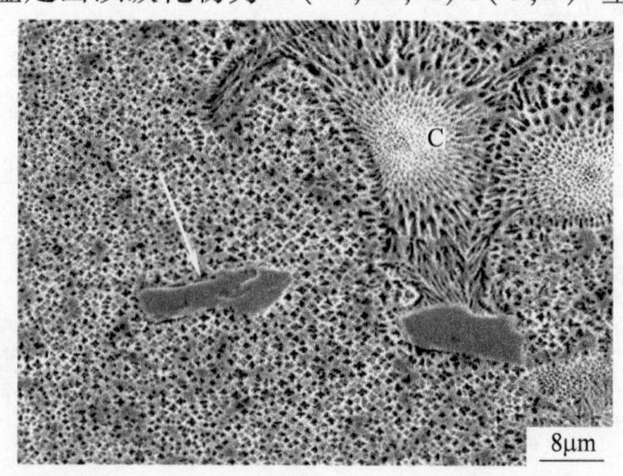

图 7-1　铸态合金在（001）横断面的枝晶及组织形貌

合金经 1230℃及两级时效处理后的组织形貌如图 7-2 所示，该合金中 γ′相的溶解温度为 1255℃，故在 1230℃固溶处理期间，枝晶干区域的细小 γ′相可溶解，而枝晶间区域的粗大 γ′相未溶解，致使其在后续热处理期间，枝晶间区域的 γ′相得以继续长大，如图 7-2（a）和（b）中区域 C 所示。而枝晶干区域的细小 γ′相为固溶处理后的冷却期间析出，并在时效期间均匀长大所致，如图 7-2（a）和（b）中区域 D 所示。同时可以看出，该区域原粗大块状碳化物已转变成网状形态，如图 7-2（a）中白色箭头所示，晶界如图 7-2（a）中黑色箭头所示。但在另一枝晶间区域，仍存在粗大条状 MC 型碳化物，如图 7-2（b）中白色箭头所示，且该粗大碳化物周围为粗大 γ′相。

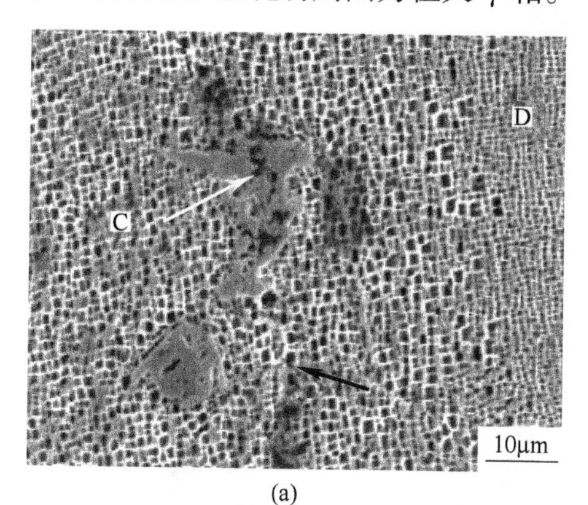

(a)

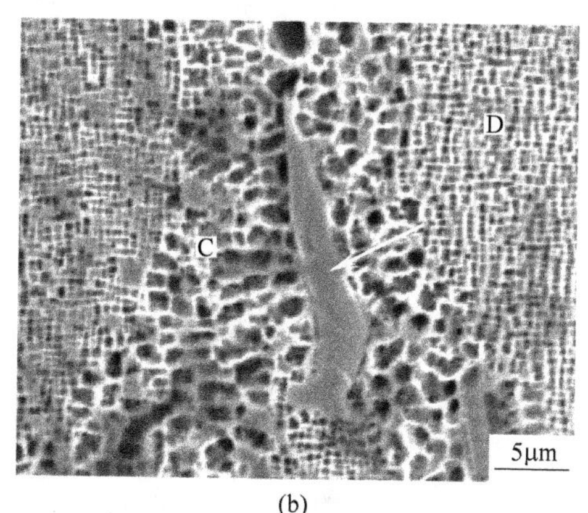

(b)

图 7-2 合金经 1230℃固溶及时效处理后不同区域的组织形貌
（a）网状碳化物；（b）枝晶间区域块状碳化物

合金经 1260℃固溶及时效处理后不同区域的组织形貌，在（001）面的组织形貌如图 7-3 所示。由于定向凝固期间不同区域的初生晶核沿热流的相反方向生长，生长的晶体沿平行于热流方向存在晶界，其中，晶粒 A、B 之间的晶界如图 7-3 中白色长线标注所示，并在晶内及晶界存在细小粒状碳化物，如图中箭头所示。可以看出，经完全热处理后，合金中 γ′相呈尺寸约为 0.4μm 的立方体形态，并沿〈100〉方向规则排列，在晶粒 A 中立方 γ′相的排列方向如竖直线段所示，而晶粒 B 中立方 γ′相的排列方向如图中倾斜线段所示，两相邻晶粒 A、B 中立方 γ′相的排列方向的取向差约为 30°，如图中标注所示。由此可以确定，经热处理后，定向凝固合金的组织结构为立方 γ′相以共格方式镶嵌在 γ 基体中，沿［001］取向存在晶界，立方 γ′相在不同晶粒（001）晶面的排列存在取向差，并在晶内和晶界处存在粒状碳化物，如图中箭头所示。

合金经不同热处理阶段后，其碳化物形态演化的形貌如图 7-4 所示。合金经 1180℃保温 2h 均匀化处理后的组织形貌如图 7-4（a）所示，可以看出，尽管均

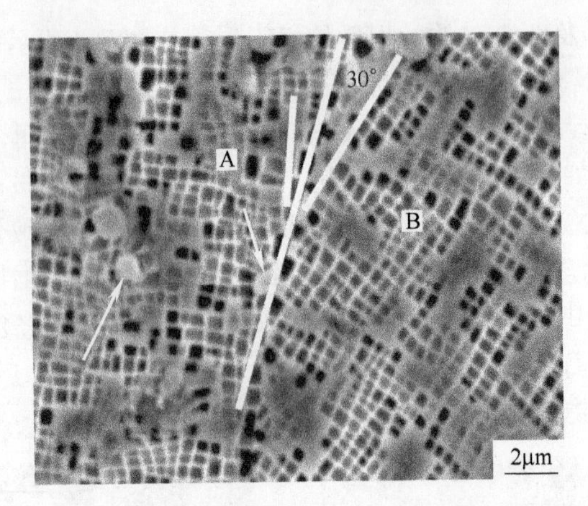

图 7-3　热处理后定向凝固合金（001）晶面的组织形貌

匀化处理的温度较低，时间较短，但合金中原块状碳化物边缘已经发生分解，转变成类粒状形态，分布于原块状碳化物周围，如图中箭头标注所示。合金经1260℃保温 2h 固溶及时效处理后的组织形貌如图 7-4（b）所示，可以看出，原块状碳化物大部分已经分解，并转变成类粒状形态。

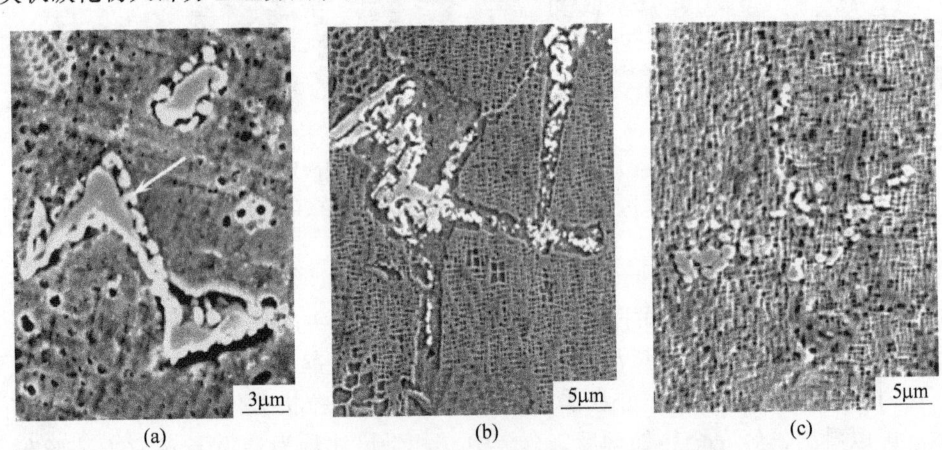

图 7-4　合金经高温不同工艺热处理后的组织形貌

（a）均匀热处理后；（b）1260℃保温 2h 固溶及时效处理后；（c）1260℃保温 4h 固溶及时效处理后

经 1260℃保温 4h 及时效处理后，合金的组织形貌如图 7-4（c）所示，可以看出合金中的碳化物已经分解，且以粒状形态分布在晶内和晶界。经 SEM/EDS 微区成分分析，确定出该类粒状碳化物中各元素的原子数分数分别为：5.91% C、7.4% B、9.85%Hf、12.06% Ta、12.1%W 和 32.7% Cr，与粗大块状碳化物中碳浓度相比，粒状碳化物中的碳含量明显降低。由于 C、B 和 Hf、Ta、W 和 Cr 的原子数分数之比约为 1∶6，因此可以确定，该粒状相为 $M_{23}C_6$ 型碳化物。

对其形态演化的原因分析认为：合金中 MC 型碳化物与 γ 和 γ′两相相邻，在高温热处理期间，γ 基体中的 Cr、W 等元素可溶入 MC 型碳化物中，使碳化物中的碳含量得到稀释，并转变成 $M_{23}C_6$ 型碳化物。同时，该碳化物的体积分数增加，致使其碳化物界面向外迁移。在碳化物中碳浓度稀释、长大及界面迁移的过程中，界面能降低可促使其稀释后的碳化物转变成粒状形态，如图 7-4（a）中箭头所示，此时，与粒状碳化物相邻的 γ 和 γ′两相中贫 Cr。随固溶时间延长，远离该区域的高浓度 Cr 扩散至粗大 MC 型碳化物，继续溶入使其稀释，重复该碳化物中碳浓度稀释、长大及界面迁移的过程，并致使其转变成粒状 $M_{23}C_6$ 型碳化物，直至原粗大 MC 型碳化物转变成粒状 $M_{23}C_6$ 型碳化物，如图 7-4（c）所示，其反应式可表示为：$MC+Cr \rightarrow M_{23}C_6$。另外，上述反应中消耗了 γ 基体的元素 Cr，而 MC 型碳化物的分解可析出元素 Ta，其相邻的 γ 基体可吸收周围的 Al、Ta 原子，转变成 γ′相，即：$\gamma+Ta/Al \rightarrow \gamma'$。因此，热处理期间，合金中原粗大 MC 型碳化物转变成粒状 $M_{23}C_6$ 碳化物的过程，可由式（7-1）表示，该式与文献的结果相一致。

$$MC + \gamma \longrightarrow M_{23}C_6 + \gamma' \tag{7-1}$$

但与 1260℃高温固溶处理相比较，1230℃固溶处理温度较低，元素扩散较不充分，故 MC 型碳化物分解不完全，因此，经低温固溶+时效处理后，合金中仍存在粗大 MC 型碳化物，如图 7-2（b）所示。

7.3.2 碳化物形态对变形机制的影响

合金经 790℃/700MPa 蠕变 211h 断裂后，近晶界区域的变形特征如图 7-5 所示，可以看出有粒状碳化物存在于晶界区域，如图 7-5 中箭头标注所示，并在近晶界区域存在大量位错，形成了位错塞积，如区域 A 所示，表明晶界及碳化物对蠕变期间的位错运动具有阻碍作用。蠕变期间当合金基体中激活的位错运动至晶

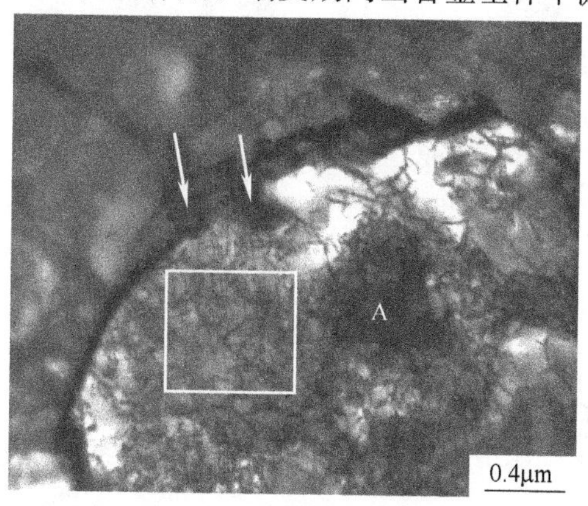

图 7-5 合金蠕变断裂后近晶界区域的微观组织形貌

界受阻，可在近晶界区域发生位错塞积，如图 7-5 中白色方块区域所示。分析认为，蠕变期间，随合金的变形量增加，位错密度增加，产生的应变硬化作用（位错之间产生的应力场）可阻碍位错，其中，因位错塞积引起阻碍位错运动的阻力（τ_{dis}）可用下式表示[136]：

$$\tau_{dis} = \alpha \mu b \sqrt{\rho} \tag{7-2}$$

式中，α 为常数，约等于 0.1；μ 为合金的剪切模量；b 为位错的柏氏矢量；ρ 为塞积区的位错密度。

可以看出，随合金中位错密度增加，位错运动的阻力增大。由于中温蠕变期间合金中晶界具有阻碍位错运动的作用，可延缓位错剪切进入 γ′相，因此，晶界有助于提高合金的中温蠕变抗力。但随蠕变进行，合金的应变增大，位错密度增加，并引起应力集中，当应力集中值超过 γ′相的屈服强度时，合金基体中的位错可在位错网损坏处剪切进入 γ′相，并致使裂纹在 γ′/γ 两相界面处发生裂纹的萌生与扩展，直至发生蠕变断裂。

7.3.3 位错组态的衍衬分析

经过 790℃/700MPa 蠕变断裂后，合金 γ′相内的位错组态如图 7-6 所示。可以看出蠕变后期合金中已有位错剪切进入 γ′相，其中剪切进入 γ′相的位错发生分解，可形成不全位错+层错的组态，层错两侧的不全位错，如字母 H 和 J 所示，剪切进入 γ′相的超位错标注为 K。

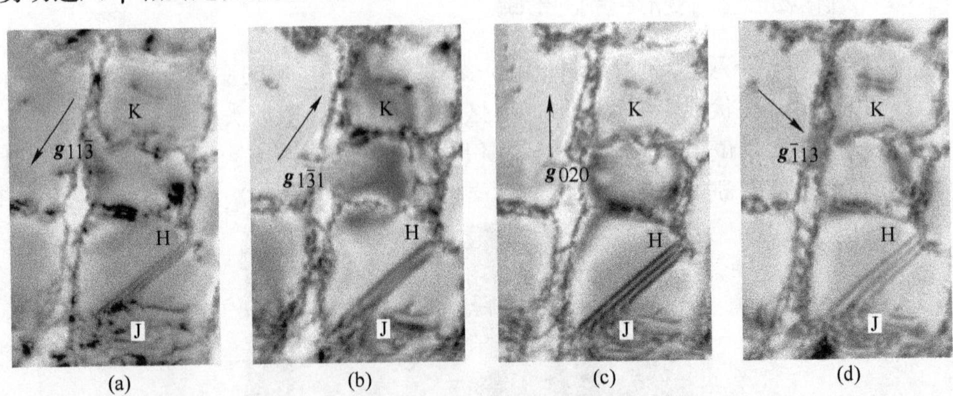

图 7-6 合金经 790℃/700MPa 蠕变断裂后 γ′相内的位错组态

(a) $g=11\bar{3}$；(b) $g=1\bar{3}1$；(c) $g=020$；(d) $g=\bar{1}13$

当衍射矢量为 $g=020$ 时，不全位错 H 和 K 消失，如图 7-6（c）所示，当衍射矢量为 $g=1\bar{3}1$ 时，不全位错 H 消失衬度，如图 7-6（b）所示，当衍射矢量为 $g=11\bar{3}$ 和 $g=\bar{1}13$ 时，不全位错 H 显示衬度，如图 7-6（a）和（d）所示。根据

$g \cdot b=0$ 及 $g \cdot b=\pm(2/3)$ 位错不可见判据，可以确定，位错 H 是 Burgers 矢量为 $b_H=(1/3)$ [112] 的超不全位错。当衍射矢量为 $g=11\bar{3}$ 和 $g=\bar{1}13$ 时，位错 J 消失衬度，如图 7-6（a）和（d）所示，当衍射矢量为 $g=1\bar{3}1$ 时，位错 J 显示衬度，如图 7-6（b）所示。根据 $g \cdot b=0$ 及 $g \cdot b=\pm(2/3)$ 位错不可见判据，可以确定，位错 J 是 Burgers 矢量为 $b_J=(1/6)[2\bar{1}1]$ 的超不全位错。因此，可确定出〈110〉位错剪切进入 γ′相发生分解，可形成两超肖克莱不全位错+层错（SISF）的位错组态，根据 $b_J \times b_H=(11\bar{1})$，可确定出该位错在（$11\bar{1}$）晶面发生分解，其反应式为：

$$[101] \longrightarrow (1/6)[2\bar{1}1]J+(SISF)(11\bar{1})+(1/3)[112]H$$

此外，切入 γ′相的超位错如图 7-6 中字母 K 所示。当衍射矢量为 $g=11\bar{3}$ 和 $g=1\bar{3}1$ 时，切入 γ′相的位错 K 显示衬度，如图 7-6（a）和（b）所示，当 $g=\bar{1}13$ 时，位错 K 显示双线衬度，如图 7-6（d）所示；当衍射矢量为 $g=020$ 时，位错 K 消失衬度，如图 7-6（c）所示。根据位错衬度不可见判据，确定出位错 K 的可能柏氏矢量为 $b_K=[101]$ 或 $b_K=[10\bar{1}]$ 的超位错，由于该位错在 $g=1\bar{3}1$ 衍射条件下显示衬度，故可唯一地确定位错 K 的柏氏矢量为 $b_K=[101]$。此外，由于位错 K 的线矢量为 $\mu_K=200$，故位错 K 的滑移面可鉴别为 $b_K \times \mu_K=(100)$。

分析认为，合金中 γ′、γ 两相具有 FCC 结构，变形期间的易滑移面为 {111}。蠕变期间激活的位错应首先在基体的 {111} 滑移，并剪切进入 γ′相，随着蠕变进行，位错可由 {111} 面交滑移到（100）面，并在（100）面发生分解，形成具有非平面芯结构的 K-W 锁位错组态。该位错锁是不动位错，可抑制位错的滑移和交滑移，提高合金的蠕变抗力，由此可认为，蠕变期间形成的 K-W 锁可有效提高合金的蠕变抗力。其中，该位错的分解反应可表示为：

$$[101]K \longrightarrow (1/2)[101]K+(APB)(100)+(1/2)[101]K$$

7.3.4 碳化物形态对蠕变期间裂纹萌生与扩展的影响

经 1230℃ 固溶及时效处理合金在 780℃/700MPa 蠕变不同时间的组织形貌示于图 7-7。合金蠕变 80h，在近粗大碳化物区域的组织形貌示于图 7-7（a），可以看出，粗大碳化物呈条状形态，如图中箭头所示，与该碳化物相邻的区域为 γ′相，且在化学腐蚀期间已被溶解，呈现空洞形态。该粗大碳化物位于枝晶间区域，其相邻的立方 γ′相较为粗大，尺寸为 1.5~2.0μm，在远离碳化物的枝晶干区域，立方 γ′相尺寸较为细小，如图 7-7（a）中区域 H 所示。

在样品的另一区域存在团聚态类粒状碳化物，其形貌如图 7-7（b）中箭头所示，其粗大和细小 γ′相分别存在于枝晶间与枝晶干区域。与细小粒状碳化物相

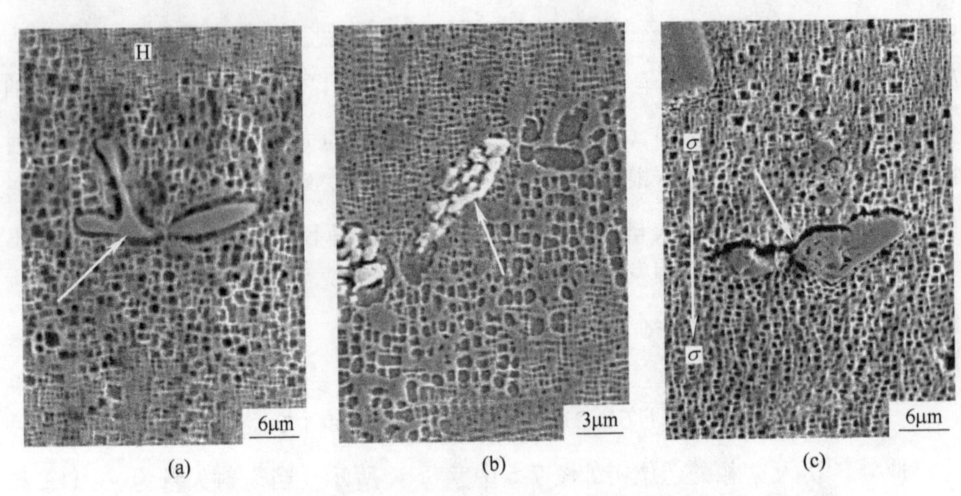

(a)　　(b)　　(c)

图 7-7　工艺 1 热处理合金经 780℃/700MPa 蠕变不同时间的组织形貌
（a）蠕变 80h；（b）蠕变 80h；（c）蠕变 127h 断裂后

比，蠕变后期，在近粗大碳化物区域易于产生应力集中，故该区域易于发生裂纹的萌生与扩展。合金蠕变 127h 断裂后的表面形貌示于图 7-7（c），施加应力轴的方向如图中双箭头标注所示。可以看出，粗大碳化物的排列方向与应力轴垂直，裂纹在与应力轴垂直的界面处萌生，并沿与碳化物相邻的界面扩展，如图中箭头标注所示。

经 1260℃ 固溶及时效处理后，合金经 780℃/700MPa 蠕变至后期，样品表面发生裂纹萌生与扩展的形貌示于图 7-8，施加应力的方向如图中双箭头标注所示。合金蠕变 280h 已经进入加速阶段，应变量达 5.5%。可以看出，样品中大部分 γ′ 相仍保持完整的立方体形态，如图 7-8（a）所示。由于合金蠕变期间的应变较大，可激活大量位错在基体中滑移，当蠕变位错滑移至晶界受阻，可塞积于近晶界区域，并引起应力集中。当应力集中值大于晶界的结合强度时，首先在晶界处发生裂纹的萌生。其中，在近类粒状碳化物区域且与应力轴成 45°方向的晶界区域发生裂纹的萌生，在近粒状碳化物区域细小裂纹的形态如图 7-8（a）中箭头所示。样品的另一区域，在近粗大碳化物区域发生裂纹的萌生，其中，在碳化物与基体界面处裂纹的形貌如图 7-8（b）中箭头所示。

随蠕变进行，微裂纹逐渐沿晶界扩展，并有新的裂纹萌生于晶界，致使合金的应变量增大，当多个萌生于晶界的微裂纹同时沿晶界扩展时，使相邻的微孔洞或微裂纹相互连通，形成大裂纹，当多个裂纹发生扩展直至相互连接时，发生合金的蠕变断裂。该合金经 780℃/700MPa 蠕变 339h 断裂后，在倾斜晶界区域发生多个裂纹扩展，形成的大裂纹形貌如图 7-8（c）所示。结果表明，蠕变期间，裂纹易于在枝晶间区域沿与应力轴约成 45°的倾斜晶界处发生裂纹的萌生与扩展，

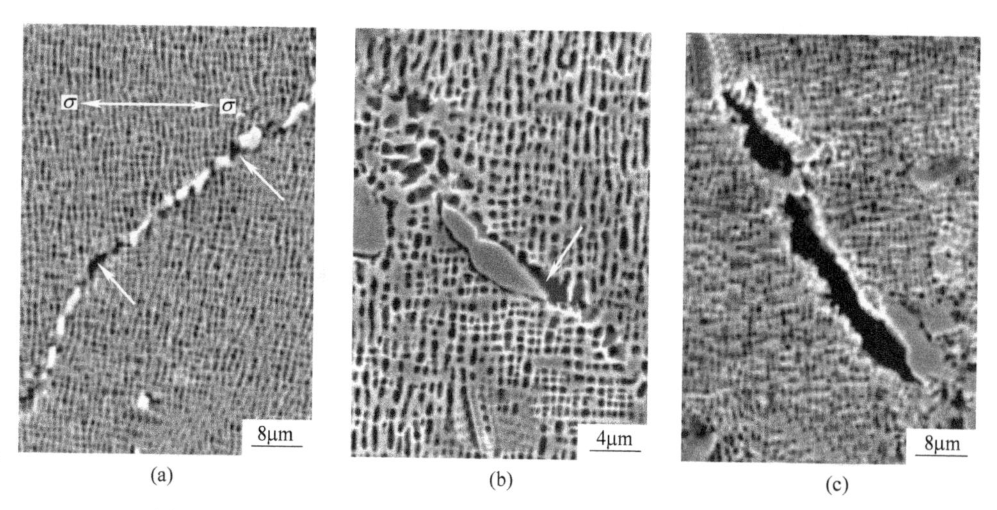

图 7-8　经工艺 2 热处理合金经 780℃/700MPa 蠕变不同时间的形貌
（a）蠕变 280h；（b）蠕变 280h；（c）蠕变 339h 断裂后

且沿晶界发生裂纹的萌生与扩展直至蠕变断裂是合金在蠕变后期的断裂机制。由此认为，与基体相比，晶界仍是合金中蠕变强度较低的薄弱区域，且样品中裂纹易于沿倾斜晶界发生萌生与扩展，其中，撕裂后的断口呈现非光滑锯齿状形态，为裂纹沿晶界扩展时所遇阻力较大所致。

7.4　讨论

7.4.1　晶界及晶内第二相粒子强化理论

定向凝固合金的组织结构是立方 γ′相以共格方式镶嵌在 γ 基体中，沿［001］取向存在晶界，在晶内和晶界存在粒状碳化物，如图 7-3 所示。其中，晶内析出的立方 γ′相和晶界析出的粒状碳化物是合金的强化相，初期和稳态蠕变期间，位错仅在 γ 基体中运动，粒状 γ′相和碳化物均可阻碍位错运动。

经蠕变断裂后，合金中晶界和晶内有不同的组织特征和位错数量，特别是合金柱状晶中组织较为均匀，存在晶界，且 γ、γ′两相和碳化物均匀分布于晶内，故合金中各相及不同区域有不同的蠕变抗力。因此，在组织分析中，可将合金视为由晶界和晶内两个区域组成，而晶内区域又分为：（1）γ′强化相区；（2）碳化物强化相区域，统称为合金的亚结构；（3）γ 基体软化相区。高温蠕变期间，当样品以同一速率变形时，发生施加应力的再分布。设外部施加应力为 σ，晶内的局部应力为 σ_G，晶界的局部应力为 σ_{GB}，晶界区域的宽度为 d_{GB}，γ 基体的宽度尺寸为 d_γ，γ′相的宽度尺寸为 $d_{\gamma'}$，柱状晶粒的横向宽度尺寸为 d，则有[161]：

$$\sigma = \sigma_G \frac{d - d_{GB}}{d} + \sigma_{GB} \frac{d_{GB}}{d} \tag{7-3}$$

由于 $d_{GB} \ll d$，上式可表示为：

$$\sigma = \sigma_G + \sigma_{GB} \frac{d_{GB}}{d} \tag{7-4}$$

由于合金中晶内分布有 γ、γ′两相和碳化物，故晶内的局部应力（σ_G）可由下式表示：

$$\sigma_G = \sigma_\gamma + \sigma_P + \sigma_{\gamma'} \tag{7-5}$$

式中，σ_γ 为 γ 基体软化相区的局部应力；σ_P 为碳化物粒子的局部应力；$\sigma_{\gamma'}$ 为 γ′相的局部应力。

当位错运动至晶界、γ′相和碳化物受阻时，可引起位错塞积，如图 7-5 所示，其形变硬化作用可提高合金的蠕变抗力。因此，晶界的局部应力（σ_{GB}）可由位错塞积应力表示为：

$$\sigma_{GB} = m\sigma\left(\frac{L}{r}\right)^{1/2} \tag{7-6}$$

式中，m 为 γ′相和碳化物的密度；r 为 γ′相、碳化物的尺寸，且 γ′相尺寸（$d_{\gamma'}$）与碳化物及晶界尺寸相近，故 $r \approx d_{GB} \approx d_{\gamma'}$；$L$ 为位错滑移的距离，取 $L = 8d_\gamma = 2d_{\gamma'}$，并把 γ′相、碳化物及晶界视为合金的亚结构。

由于蠕变期间晶界区域的 γ′相和碳化物均可阻碍位错运动，抑制晶界滑移，故晶界的局部应力可表示为：

$$\sigma_{GB} = m(\sigma - \sigma_P - \sigma_{\gamma'})\left(\frac{L}{r}\right)^{1/2} = m(\sigma - \sigma_P - \sigma_{\gamma'})\left(\frac{2d_{\gamma'}}{d_{GB}}\right)^{1/2} \tag{7-7}$$

根据施加应力与强化相及晶界亚结构尺寸（d_{GB}）的关系：

$$d_{GB} = KGb/\sigma \tag{7-8}$$

式中，K 为与材料有关的常数；G 为切变模量；b 为位错的柏氏矢量。

将式（7-8）中 d_{GB} 带入式（7-7），可得：

$$\sigma_{GB} = m(\sigma - \sigma_P - \sigma_{\gamma'})\left(\frac{2\sigma d_{\gamma'}}{KGb}\right)^{1/2} \tag{7-9}$$

将式（7-9）和式（7-5）带入式（7-3），并整理可得：

$$\sigma = \sigma_\gamma + \sigma_P + \sigma_{\gamma'} + m(\sigma - \sigma_P - \sigma_{\gamma'})\frac{(2d_{\gamma'}KGb)^{1/2}}{d\sigma^{1/2}} \tag{7-10}$$

令

$$\sigma_{bo} = \frac{m(2d_{\gamma'}K_1 Gb\sigma)^{\frac{1}{2}}}{d} \tag{7-11}$$

式中，σ_{bo} 为晶界析出相引起的强化量。从式（7-11）可以看出，σ_{bo} 与晶粒尺寸成反比，与 γ′相和碳化物的密度 m 成正比。且式（7-10）可以改写为：

$$\sigma = \sigma_\gamma + \sigma_P + \sigma_{\gamma'} + \sigma_{bo}\left(1 - \frac{\sigma_P}{\sigma} - \frac{\sigma_{\gamma'}}{\sigma}\right) = \sigma_\gamma + \sigma_P + \sigma_{\gamma'} + \sigma_{BO} \tag{7-12}$$

其中：

$$\sigma_{BO} = \sigma_{bo}\left(1 - \frac{\sigma_P}{\sigma} - \frac{\sigma_{\gamma'}}{\sigma}\right) \tag{7-13}$$

式中，σ_{BO}为晶界存在强化相时的晶界滑移障碍力。当晶界无析出相时，$\sigma_{BO} = \sigma_{bo}$，随晶界析出相数量增多，$\sigma_{BO}$减小，晶界强度以析出相的强化作用为主。由于合金晶内的γ基体为软化相，蠕变期间易于变形和激活位错，而γ′相和碳化物可阻碍位错运动，抑制晶界滑移。因而，稳态蠕变期间晶内γ基体的局部应力（σ_γ）促使合金发生蠕变的本构方程，可表示为：

$$\dot{\varepsilon} = A\left(\frac{\sigma - \sigma_P - \sigma_{\gamma'} - \sigma_{BO}}{E}\right)^n \exp\left(-\frac{Q}{RT}\right) \tag{7-14}$$

式中，$\dot{\varepsilon}$为应变速率；A为常数；E为材料的弹性模量；Q为表观蠕变激活能；n为表观应力指数；R为气体常数；T为绝对温度。

式（7-14）表明，随合金中析出强化相数量增加，晶界滑移障碍力最大，合金在稳态蠕变期间的应变速率降低，合金的蠕变抗力增大。以上分析与实验结果相一致。

7.4.2 碳化物分解理论分析

从图7-3和图7-4可以看出，铸态合金中块状MC型碳化物在可分解成类球状沿晶界及晶内都有分布的$M_{23}C_6$型碳化物，块状MC型碳化物分解过程如图7-9所示。

图7-9（a）为铸态合金中与γ/γ′相相邻的块状MC型碳化物示意图，热处理过程中由于热扩散的作用，γ基体中的Cr、W和Ni等元素扩散至MC型碳化物中，导致MC碳化物中C含量下降。因此，具有边缘和拐角特征的块状MC碳化物转变为光滑的结构。此外，块状碳化物的体积随着碳含量的稀释而增加，以一系列较小的曲率半径迁移其界面，这导致MC碳化物在热处理的过程中分解成颗粒状的$M_{23}C_6$型碳化物。随着热处理的进行，MC型碳化物中碳含量不断稀释，体积不断增加，因此MC型碳化物的界面不断向外迁移，逐渐转化成凹凸面，如图7-9（b）所示。随着热处理时间的延长，在碳化物和基体的界面上会形成一系列的曲率平面，随着曲率半径（r）的减小，附加压力会增加。由于具有较小曲率半径的相邻碳化物的界面承受较大的附加压力，因此发生了碳化物中C原子化学势的变化。这些可以增加C原子在γ/γ′两相中的溶解度，以促进MC碳化物的分解。溶质C在γ/γ′两相中含量关于附加压力的依赖性可以表示为[162]：

$$X_{\mathrm{T}}^{\mathrm{M}} = {}^{0}X_{\mathrm{T}}^{\mathrm{M}}\left[\exp\frac{2\sigma V_{\mathrm{T}}^{\mathrm{C}}}{rRT(X_{\mathrm{T}}^{\mathrm{C}} - X_{\mathrm{T}}^{\mathrm{M}})}\right] \tag{7-15}$$

式中，$X_{\mathrm{T}}^{\mathrm{C}}$ 和 $X_{\mathrm{T}}^{\mathrm{M}}$ 分别为在 T 温度下 C 原子在碳化物和 γ/γ′相中的浓度；${}^{0}X_{\mathrm{T}}^{\mathrm{M}}$ 为当碳化物的曲率半径为无穷大时 γ/γ′相中 C 原子的平衡浓度；σ 为界面张力。

从式（7-15）可知 C 原子在 γ/γ′两相中的溶解度随着曲率半径的减小而增加。

如果认为各种碳原子分别溶解在碳化物和 γ/γ′两相中，则分别根据平衡分配比，在 γ/γ′两相中 C 原子的平衡浓度随着颗粒状碳化物曲率半径的变化而变化。

随着碳化物的曲率半径最小化，区域中 C 原子的化学势增加，这促使碳化物中的 C 原子扩散到相邻的 γ/γ′两相中。这导致碳化物分解以形成如图 7-9（b）中箭头所示的凹槽。

C 原子在不同区域的化学势差充当驱动力，以促进 C 原子扩散到相邻的 γ/γ′两相中，从而导致块状碳化物的边缘区域溶解并且沟槽加深到分离。在 MC 碳化物的边缘区域中发生碳化物的球化，以形成如图 7-3 所示的球状形态，如图 7-9（c）所示。

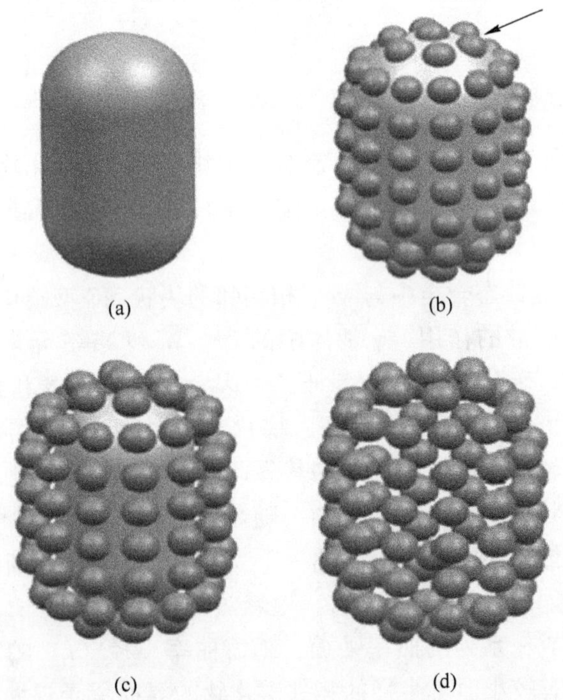

图 7-9　MC 块状碳化物分解成颗粒状 $M_{23}C_6$ 碳化物示意图

（a）块状碳化物；（b）界面迁移形成凹凸曲面；（c）碳化物的球化；

（d）球形的 $M_{23}C_6$ 型碳化物

另外，当块状碳化物的边缘区域分解而转变成类球状结构时，类球状碳化物附近的 γ/γ' 两相含有较少的 W 和 Cr 等元素。随着固溶处理时间的延长，具有较高浓度的元素 W、Cr 远离该区域再次扩散到较粗大的 γ' 相中，因此 MC 碳化物可以在此分解。如此重复进行碳原子含量的稀释和在块状碳化物周围的系列界面迁移，直至原始的 MC 碳化物转变为球形的 $M_{23}C_6$ 型碳化物，反应式为：

$$MC + M(Cr,\ W) \longrightarrow M_{23}C_6$$

根据上述反应式可以看出，消耗了 γ/γ' 两相中的 W、Cr 原子，并且 MC 碳化物中的 Ta 因其分解而溶出，于是 MC 碳化物附近的 γ 基体相可以吸收 Al 和 Ta 等原子来转化为 γ' 相。反应式可以表示为：

$$\gamma + Al/Ta \longrightarrow \gamma'$$。

因此，在热处理过程中，原始的块状碳化物转变为类球状 $M_{23}C_6$ 型碳化物，反应可以由下式表示：

$$MC + \gamma \longrightarrow M_{23}C_6 + \gamma' \tag{7-16}$$

与 1260℃的固溶处理相比，1230℃的固溶处理温度较低，因此在热处理过程中由于元素扩散程度不足，粗大块状 MC 型碳化物不能完全分解。因此，粗大块状 MC 碳化物经过 1230℃的固溶及时效处理后仍保留在合金中，如图 7-2 所示。

7.4.3 碳化物形态对蠕变性能的影响

定向凝固合金的主要强化机制是第二相强化和固溶强化，由于合金中含有 W、Cr、Mo、Ta 等难熔元素，其难熔元素具有较高的熔点及较低的扩散系数。热处理期间，这些难熔元素是碳化物的主要形成元素，可以促使 M_6C、$M_{23}C_6$ 和 MC 型碳化物的析出。但碳化物具有不同的形态和尺寸，其不同形态碳化物对合金性能有不同的影响。根据碳化物尺寸、分布及形态的不同，这些碳化物既可提高合金的力学及蠕变性能，也可成为裂纹萌生的发源地，成为蠕变强度的薄弱环节。

关于碳化物对合金蠕变性能的研究表明，当粒状碳化物沿晶界不连续分布时，如图 7-3（a）所示，其碳化物的钉扎作用可增加晶界滑移的阻力，抑制晶界滑移，阻碍位错运动，改善合金的蠕变强度。其碳化物抑制晶界滑移的抗力可表示为：

$$\sigma_R = \frac{Gb}{dL}\left(\frac{f}{2}\right)^{1/2} \tag{7-17}$$

式中，L 为晶界碳化物的平均间距；G 为剪切模量；d 为粒状碳化物的平均尺寸；b 为柏氏矢量；f 为粒状碳化物的体积分数。

此式表明，晶界滑移抗力随着碳化物尺寸和沿晶界分布的平均距离的减小而增大，而随着粒状碳化物体积分数的增加而增大。

经传统工艺热处理后，合金中的碳化物具有较大的尺寸，并且分布在枝晶间区域，由于碳化物的尺寸较大，割裂了基体之间的结合力，易于产生应力集中，故有损于合金的强度和蠕变抗力。再则，合金在高温蠕变期间，由于碳化物与基体之间的线膨胀系数不同，两者之间的界面可产生较大的热应力，碳化物易与基体分离，成为裂纹萌生的发源地，或致使裂纹沿碳化物与基体的界面扩展，因此碳化物的不利作用增大。经高温固溶处理后，原铸态合金中的粗大块状碳化物已分解，且以网状形态分布于合金的基体中，并有细小粒状碳化物沿晶界不连续析出。该细小粒状碳化物沿晶界分布，如图 7-4（a）所示，可阻碍位错运动，抑制晶界的滑移，故可提高合金的蠕变抗力。因此，与传统工艺热处理合金相比较，高温固溶处理合金具有较好的蠕变抗力和较长的蠕变寿命。

7.5　本章小结

本章通过较高固溶温度及传统固溶温度对合金进行固溶处理，组织形貌观察，对比考察合金中碳化物尺寸、形态、分布，分析固溶温度对 DZ125 合金组织与蠕变性能的影响规律，得出主要结论如下：

（1）铸态 DZ125 合金中存有块状 MC 型碳化物，热处理期间，合金中 MC 型碳化物可发生分解和形态演化，转变成粒状 $M_{23}C_6$ 型碳化物。随固溶温度提高、时间延长，元素得到充分扩散，碳化物分解及发生形态演化的几率增加，并使细小粒状碳化物沿晶界不连续析出。

（2）合金在 790℃/700MPa 蠕变期间，剪切进入 γ′相的〈110〉超位错可由｛111｝面交滑移至｛100｝面，并在｛100｝面分解，形成具有非平面芯结构的 K-W 锁加 APB 的位错组态，该位错锁可抑制位错的滑移和交滑移，提高合金的蠕变抗力，是合金具有较好蠕变抗力的原因之一。

8 结　　论

通过对 DZ125 镍基高温合金进行不同工艺热处理、蠕变性能测试及组织形貌观察，研究了热处理工艺对合金组织结构、晶格错配度及蠕变性能的影响；通过热力学计算，预测出合金在不同条件下的 γ′相筏形化时间；通过微观形貌观察及衍衬分析，研究合金在蠕变期间的微观变形特征与断裂机制，得出如下结论：

（1）铸态 DZ125 镍基合金的组织结构主要由 γ 基体、γ′相、共晶组织以及块状碳化物组成，且在枝晶干/间区域存在明显的成分偏析及 γ/γ′两相的尺寸差别。

（2）合金经完全热处理后，元素偏析程度及晶格错配度有所减小，但仍在枝晶干/间区域存在不同尺寸的 γ′相，尺寸约为 0.4μm 的细小立方 γ′相均匀分布在枝晶干区域，尺寸为 1～1.2μm 的粗大立方 γ′相存在于枝晶间区域，并有块状碳化物存在于枝晶间区域，其放射状或筛网状的共晶组织存在于枝晶间区域。

（3）在中温/高应力蠕变期间，合金中的 γ′相不形成筏状组织；而在高温/低应力蠕变期间，合金中的立方 γ′相转变成与施加应力轴垂直的筏状结构。合金在 1040℃/137MPa 蠕变 3h，γ′相转变成与应力轴垂直的 N-型筏状结构。采用热力学方法计算出元素在不同条件蠕变期间的扩散迁移速率，并预测出合金在 840℃和 760℃蠕变期间 γ′相的筏形化时间各自需近 400h 和 3000h。

（4）在中温/高应力蠕变期间，该合金的变形机制是位错在 γ 基体中滑移和剪切 γ′相，其中，剪切进入 γ′相的位错可以分解，形成两个肖克莱不全位错加层错的位错组态，且切入 γ′相的位错也可从｛111｝面交滑移至｛100｝晶面，形成具有非平面芯的 K-W 锁，抑制位错在｛111｝面滑移，可提高合金的蠕变抗力。

（5）而在高温/低应力蠕变条件下，合金在稳态蠕变期间的变形机制是位错在基体中滑移和攀移越过 γ′相，其中，在位错攀移期间，位错的割阶易于形成，空位的形成和扩散是位错攀移的控制环节。蠕变后期，合金的变形机制是位错在基体中滑移和剪切进入筏状 γ′相，且在｛111｝面滑移。蠕变期间，分布在 γ′/γ 两相界面的六角形或四边形位错网络，可释放晶格错配应力，减缓应力集中，提高合金的蠕变抗力。

（6）高温蠕变后期，合金中的裂纹首先在晶界处萌生与扩展，且不同形态晶界具有不同的损伤特征，其中，沿应力轴呈 45°倾斜的晶界承受较大剪切应力，是易于使其产生蠕变损伤的主要原因；而加入的元素 Hf，可促进细小粒状相沿晶界析出，抑制晶界滑移，提高晶界强度，是使合金蠕变断裂后，断口呈现非光滑特征的主要原因。

（7）在长寿命服役条件下，随蠕变时间延长，合金中筏状 γ' 相的厚度尺寸增大，γ'/γ 两相的晶格常数与错配度增加，且筏状 γ' 相厚度尺寸长大服从抛物线规律；蠕变时间低于 2000h 时，合金的变形机制是位错在基体中滑移和攀移越过筏状 γ' 相，蠕变 3000h 仅有少量位错切入 γ' 相。

（8）与传统工艺热处理相比，随固溶温度提高至 1260℃，合金中难熔元素的偏析程度及晶格错配度明显减小，在枝晶间区域的粗大 γ' 相可完全溶解。经时效处理后，高体积分数的细小立方 γ' 相均匀分布在枝晶干和枝晶间区域，可消除合金中的共晶组织，并改善合金的组织均匀性；同时，合金中原大尺寸块状碳化物发生分解，并沿晶界弥散析出细小碳化物，可抑制晶界滑移，是使合金具有较好蠕变抗力的主要原因。

参 考 文 献

[1] 陈金国. 军用航空发动机的发展趋势[J]. 航空科学技术，1994，5：9-13.
[2] Nabarro F R, Villiers H L D. The Physics of Creep[M]. London：Taylor and Francis Ltd.，1997：83-86.
[3] 吴仲棠，钟振纲，代修彦，等. 我国第一个单晶燃气涡轮叶片合金 DD3 的研究[J]. 航空制造工程，1996，2：3-5.
[4] 孔祥鑫. 第四代战斗机及其动力装置[J]. 航空科学技术，1994，5：21-27.
[5] McLean M. Directionally Solidified Materials for High Temperature Service[C]. Warrendale：TMS，1983：9-14.
[6] Xie G, Lou L H. Influence of the characteristic of recrystallization grain boundary on the formation of creep cracks in a directionally solidified Ni-base superalloy[J]. Materials Science and Engineering A, 2012, 532(15): 579-584.
[7] Tavakkoli M M, Abbasi S M. Effect of molybdenum on grain boundary segregation in Incoloy 901 superalloy[J]. Materials & Design, 2013, 46(4): 573-578.
[8] Jennifer L W C, Michael W K, Michael D U, et al. Characterization of localized deformation near grain boundaries of superalloy René-104 at elevated temperature[J]. Materials Science and Engineering A, 2014, 605: 127-136.
[9] VerSnyder F L, Shank M E. The development of columnar grain and single crystal high temperature materials through directional solidification[J]. Materials Science and Engineering A, 1970, 6(4): 213-247.
[10] Henderson P J, McLean M. Creep transient in the deformation of anisotropic nickel-base alloys [J]. Acta Metallurgica, 1982, 30(6): 1121-1128.
[11] VerSnyder F L, Guard R W. Directional grain structures for high temperature strength[J]. Transactions of the ASM, 1960, 52: 485-496.
[12] Gell M, Dupta D N, Sheffler K D. High temperature super conductors with T_c over 30 K[J]. Journal of Metals, 1987, 39(6): 11-12.
[13] 刘忠元，李建国，付恒志. 凝固速率对定向凝固合金 DZ22 枝晶臂间距和枝晶偏析的影响[J]. 金属学报，1995，31(3)：329-332.
[14] Ma X F, Shi H J. In situ SEM studies of the low cycle fatigue behavior of DZ4 superalloy at elevated temperature: Effect of partial recrystallization[J]. International Journal of Fatigue, 2014, 61: 255-263.
[15] 张国栋，刘绍伦，何玉怀，等. 定向合金 DZ125 热/机械疲劳寿命预测模型评估[J]. 航空动力学报，2004，19(1)：17-22.
[16] 师昌绪，仲增墉. 我国高温合金的发展与创新[J]. 金属学报，2010，46(11)：1281-1288.
[17] Tan X P, Liu J L, Jin T, et al. Effect of ruthenium on high-temperature creep rupture life of a single crystal nickel-based superalloy[J]. Materials Science and Engineering A, 2011, 528(29-30): 8381-8388.

[18] Jin D, Liu Z Q, Yi W, et al. Influence of cutting speed on surface integrity for powder metallurgy nickel-based superalloy FGH95[J]. The International Journal Advanced Manufacturing Technology, 2011, 56(7-8): 553-559.

[19] Ren W L, Lu L, Yuan G Z, et al. The effect of magnetic field on precipitation phases of single-crystal nickel-base superalloy during directional solidification[J]. Materials Letters, 2013, 100: 223-226.

[20] 李志军，周兰章，郭建亭，等．新型抗热腐蚀镍基高温合金 K44 的高温低周疲劳行为[J]. 中国有色金属学报，2006，16(1)：136-141.

[21] 侯介山，丛培娟，周兰章，等．Hf 对抗热腐蚀镍基高温合金微观组织和力学性能的影响[J]. 中国有色金属学报，2011，21(5)：945-953.

[22] Hu Q, Liu L, Zhao X, et al. Effect of carbon and boron additions on segregation behavior of directionally solidified nickel-base superalloys with rhenium[J]. Transactions of the Nonferrous Metals Society of China, 2013, 23(11): 3257-3264.

[23] Garosshen T J, Tillman T D, Mccarthy G P. Effect of B, C, and Zr on the structure and properties of a P/M nickel base superalloy[J]. Metallurgical and Materials Transactions A, 1987, 18(A): 69-77.

[24] Yan B C, Zhang J, Lou L H. Effect of boron additions on the microstructure and transverse properties of a directionally solidified superalloy[J]. Materials Science and Engineering A, 2008, 474(1-2): 39-47.

[25] 郑运荣，蔡玉林，马书伟，等．Hf 和 Zr 在高温材料中作用机理研究[J]. 航空材料学报，2006，26(3)：25-34.

[26] 陈荣章．第二代定向凝固高温合金[J]. 航空材料学报，1995，8(1)：47-55.

[27] 宋先跃，唐建新，刘振伟．定向凝固理论与技术的发展[J]. 金属铸锻焊技术，2009，15(7)：59-63.

[28] Giamei A F, Anton D L. Rhenium additions to anickel-based superalloy: effect on microstructure[J]. Metallurgical Transactions A, 1985, 16(11): 1997-2004.

[29] Kevin E Y, Ronald D N, David N S. Effects of rhenium addition on the temporal evolution of the nanostructure and chemistry of a model Ni-Cr-Al superalloy[J]. Acta Materialia, 2007, 55(4): 1145-1157.

[30] Tian S G, Liang F S, Li A N, et al. Microstructure evolution and deformation features of single crystal nickel-based superalloy containing 4.2% RE during creep[J]. Transactions of Nonferrous Metals Society of China, 2011, 21(7): 1532-1537.

[31] 孟凡来，田素贵，于兴福，等．镍基单晶合金组织演化及对晶格错配度的影响[J]. 材料研究学报，2007，21(3)：225-229.

[32] 胡壮麒，刘丽荣，金涛，等．单晶镍基高温合金的发展[J]. 航空发动机，2005，31(3)：1-7.

[33] 马晓峰，刘恩泽，管秀荣，等．新型定向凝固高温合金 DZ168 中的碳化物[J]. 金属热处理，2010，35(4)：10-13.

[34] Han-sang L, Do-hyung K, Doo-soo K, et al. Microstructural changes by heat treatment for sin-

gle crystal superalloy exposed at high temperature[J]. Journal of Alloys and Compounds, 2013, 561: 135-141.

[35] 刘丽荣，金涛，王志辉，等. 热处理对一种镍基单晶高温合金微观组织和持久性能的影响[J]. 稀有金属材料与工程，2006，35(5)：711-714.

[36] 谢军，田素贵，周晓明，等. 固溶温度对 FGH95 镍基合金持久断裂机制的影响[J]. 材料热处理学报，2012，41(3)：447-451.

[37] Yu J J, Sun X F, Zhao N R, et al. Effect of heat treatment on microstructure and stress rupture life of DD32 single crystal Ni-base superalloy[J]. Materials Science and Engineering A, 2007, 460-461: 420-427.

[38] Xie J, Tian S G, Zhou X M, et al. Influence of heat treatment regimes on microstructure and creep properties of FGH95 nickel base superalloy[J]. Materials Science and Engineering A, 2012, 538: 306-314.

[39] Monajati H, Jahazi M, Bahrami R, et al. The influence of heat treatment conditions on γ' characteristics in udimet 720[J]. Materials Science and Engineering A, 2004, 373: 286-293.

[40] 刘洋，田素贵，周晓明，等. FGH95 粉末镍基合金的组织结构与蠕变性能[J]. 材料工程，2007(S1)：27-32.

[41] 张卫国，刘林，赵新宝，等. 定向凝固高温合金的研究发展[J]. 铸造，2009，58(1)：1-6.

[42] Gabrisch H, Mukherji D, Wahi R P, et al. Deformation induced dislocation networks at the γ/γ' interfaces in the single crystal superalloy[J]. Philosophical Magazine A, 1996, 74(1): 229-233.

[43] Acharya M V, Fuchs G E. The effect of long-term thermal exposures on the microstructure and properties of CMSX-10 single crystal nickel-based superalloys[J]. Materials Science and Engineering A, 2004, 381: 143-153.

[44] Fahrmann M, Wolf J G, Pollock T M. The influence of microstructure on the measurement of γ'-γ' lattice mismatch in single-crystal Ni-base superalloys[J]. Materials Science and Engineering A, 1996, 210: 8-15.

[45] Walston W S, Durst K, Göken M. Micromechanical characterisation of the influence of rhenium on the mechanical properties in nickel-based superalloys[J]. Materials Science and Engineering A, 2004, 88: 312-316.

[46] 王明罡. 元素 Re 对单晶镍基合金 TCP 相形态及蠕变行为的影响[D]. 沈阳：沈阳工业大学，2010.

[47] Tian S G, Wang M G, Yu X F, et al. Influence of element Re on lattice misfits and stress rupture properties of single crystal nickel-based superalloys[J]. Materials Science and Engineering A, 2010, 527: 4458-4465.

[48] 王春涛，田素贵，王明罡，等. 一种单晶合金的高温蠕变行为及其变形特征[J]. 材料与冶金学，2006，5(2)：133-136.

[49] 胥国华，焦兰英，张北江，等. 固溶冷却速度对 GH4586 合金组织及 850℃拉伸性能的影响[J]. 材料热处理学报，2006，27(2)：47-49.

[50] 颜晓峰，马惠萍，卢亚轩，等. 碳含量对 GH648 合金组织和性能的影响[J]. 钢铁研究

学报，2001，13(6)：40-42.

[51] 陈焕铭，胡本芙，余泉茂，等 . FGH95 粉末枝晶间合金元素偏析的研究[J]. 材料工程，2002(3)：32-35.

[52] 刘建涛，张义文，陶宇，等 . 预处理过程中 FGH96 合金粉末中碳化物演变[J]. 材料热处理学报，2012，33(5)：53-58.

[53] 马文斌，吴凯，刘国权，等 . PREP FGH4096 粉末凝固组织和碳化物研究[J]. 钢铁研究学报，2011，23(S2)：490-493.

[54] 郑磊，焦少阳，董建新，等 . 690 合金等温热处理过程中晶界碳化物和贫铬区演化规律[J]. 机械工程学报，2010，46(12)：48-52.

[55] 姚志浩，董建新，张麦仓，等 . 固熔温度对 GH864 合金组织性能的影响[J]. 材料热处理学报，2011，32(7)：44-50.

[56] 田素贵，谢军，周晓明，等 . FGH95 镍基合金的蠕变行为及影响因素[J]. 稀有金属材料工程，2011，40(5)：807-812.

[57] Thorsten K, Dietmar B, Eckhard N. The formation of precipitate free zones along grain boundaries in a superalloy and the ensuing effects on its plastic deformation[J]. Acta Materialia, 2004, 52(4): 2095-2108.

[58] Ding Z, Zhang J, Wang C S, et al. Dislocation configuration in DZ125 Ni-based superalloy after high temperature stress rupture[J]. Acta Metallurgica Sinica, 2011, 47(1): 47-52.

[59] 于慧臣，谢世殊，赵光普，等 . GH141 合金的高温拉伸及持久性能[J]. 材料工程，2003(9)：3-6.

[60] Peng Y D, Yi J h, Luo S D, et al. Microstructure analysis of microwave sintered ferrous PM alloys[J]. Journal of Wuhan University of Technology Materials Science Edition, 2009, 24(2): 214-217.

[61] Mckamey C G, Carmichael C A, Cao W D, et al. Creep properties of phosphorus, boron modified alloy 718[J]. Scripta Materialia, 1998, 38(3): 485-491.

[62] 周晓和，胡壮麒，介万奇 . 凝固技术[M]. 北京：机械工业出版社，1998.

[63] Chen Q Z, Jones C N, Knowles D M. The grain boundary microstructures of the base and modified RR 2072 bicrystal superalloys and their effects on the creep properties[J]. Materials Science and Engineering A, 2004, 385(1-2): 402-418.

[64] Nganbe M, Heilmaier M. Creep behavior and damage of Ni-base superalloys PM 1000 and PM 3030[J]. Metallurgical and Materials Transactions A, 2009, 40(12): 2971-2979.

[65] Xia P C, Yu J J, Sun X F, et al. Influence of precipitate morphology on the creep property of a directionally solidified nickel-base superalloy[J]. Materials Science and Engineering A, 2008, 476: 39-45.

[66] Tian S G, Yong S, Qian B J, et al. Creep behavior of a single crystal nickel-based superalloy containing 4.2%Re[J]. Materials and Design, 2012, 37: 236-242.

[67] Zhang J X, Wang J C, Haradah H, et al. The effect of lattice misfit on the dislocation motion in superalloys during high-temperature low-stress creep[J]. Acta Materialia, 2005, 53(3): 4623-4633.

[68] Yu X F, Tian S G, Wang M G, et al. Creep behaviors and effect factors of single crystal nickel crystal nickel-base superalloys[J]. Materials Science and Engineering A, 2009, 499(1-2): 352-359.

[69] Tian S G, Zeng Z, Liu C, et al. Creep behavior of a 4.5%-RE single crystal nickel-based superalloy at intermediate temperatures[J]. Materials Science and Engineering A, 2012, 543: 104-109.

[70] 刘丽荣，金涛，赵乃仁，等．一种镍基单晶高温合金蠕变机制的研究[J]．金属学报，2005，41(11)：1215-1220.

[71] 王跃臣，李守新，艾素华，等．单晶镍基高温合金 DD8 反位相热机械疲劳后的层错[J]．金属学报，2003，39(2)：150-154.

[72] 田素贵，苏德龙，曾征，等．一种 4.5%单晶镍基合金的中温蠕变行为[J]．材料热处理学报，2012，33(10)：55-60.

[73] Vitek V. Atomic structure of dislocation in intermetallics with close packed structure: a comparative study[J]. Intermetallics, 1998, 6(7-8): 579-585.

[74] 王晓明，朱祖昌．Ni_3Al 有序金属间化合物的主要特性和应用[J]．热处理，2010，25(3)：6-11.

[75] 李唐，孟凡来，杜洪强，等．元素铼对一种镍基合金晶格常数及 γ/γ′错配度的影响．动力与能源用高温结构材料[C]．上海，2007：478-481.

[76] Link T, Epishin A, Bruckner U. Increase of misfit during creep of superalloys and it' s correlation with deformation[J]. Acta Materialia, 2000, 48: 1981-1994.

[77] Caron P, Ohta Y, Nakagawa Y G, et al. Creep deformation anisotropy in single crystal superalloys[J]. Superalloys 1988, Metal Park: TMS-AIME, 1988: 215-224.

[78] Hopgood A A, Martin J W. Study of crystallographic creep parameters of nickel-based single crystal[J]. Materials Science and Engineering A, 1986, 82(1-2): 27-36.

[79] Muller L, Glatzel U, Feller K M. Modeling thermal misfit stresses in nickel-based superalloy containing high volume fraction of γ′ phase[J]. Acta Metallurgica Materialia, 1992, 40(4): 1321-1327.

[80] Li P, Li S S, Han Y F. Effect of heat treatment on microstructure and stress rupture properties of a Ni_3Al base single crystal superalloy IC6SX[J]. Intermetallics, 2011, 19: 182-186.

[81] Kamaraj M. Rafting in single crystal nickel-base superalloys——An overview[J]. Sadhana, 2003, 28(1-2): 115-128.

[82] Reed R C. The Superalloys: Fundamentals and Applications[M]. Cambridge: Cambridge University Press, 2006.

[83] 李嘉荣，唐定中．铼在单晶高温合金中作用[J]．材料工程，1997(8)：12-17.

[84] 沙玉辉，张静华，徐涛波，等．镍基单晶高温合金定向粗化行为的取向依赖性 I——γ′形态的 SEM 观察[J]．金属学报，2000，36(3)：254-257.

[85] 沙玉辉．镍基单晶高温合金高温变形、定向粗化及疲劳裂纹扩展行为的研究[D]．沈阳：中国科学院金属研究所，1999.

[86] Liu J L, Jin T, Sun X F, et al. Anisotropy of stress rupture properties of a Ni base single crystal

superalloy at two temperatures[J]. Materials Science and Engineering A, 2008, 479: 277-284.

[87] Driand L, Comier J, Jacques A, et al. Measuret of the effective γ/γ' lattice mismatch during high temperature creep of Ni-based single crystal superalloy[J]. Materials Charaterization, 2013, 77: 32-46.

[88] Dinsdale A T. SGTE data for pure elements[J]. Calphad, 1991, 15(4): 317-321.

[89] 彭志方, Glatzel U, Feller-Kniepmeier M. 一种镍基单晶高温合金中 γ'沉淀的定向粗化[J]. 金属学报, 1995, 31(12): 531-536.

[90] Kakehi K, Latief F H, Sato T. Influence of primary and secondary orientations on creep repture behavior of aluminized single crystal Ni-based superalloy[J]. Materials Science and Engineering A, 2014, 604: 148-155.

[91] Koji K. Effect of primary and secondary precipitates on creep strength of Ni-base superalloy single crystals[J]. Materials Science and Engineering A, 2000, 278(1-2): 135-141.

[92] Kuttner T, Feller-Kniepmeier M. Microstructure of a nickel-base superalloy after creep in [011] orientation at 1173K[J]. Materials Science and Engineering A, 1994, 188: 147-152.

[93] Svoboda J, Lukáš P. Model of creep in ⟨001⟩ oriented superalloy single crystals[J]. Acta Materialia, 1998, 46(10): 3421-3431.

[94] 田素贵, 于兴福, 卢旭东, 等. 单晶镍基合金拉伸蠕变期间 γ'相定向生长及影响因素[J]. 稀有金属材料与工程, 2009, 38(3): 434-438.

[95] 田素贵, 张静华, 徐永波, 等. 单晶镍基合金拉伸蠕变期间 γ'相定向粗化的特征及影响因素[J]. 航空材料学报, 2000, 20(2): 1-7.

[96] Feng H, Biermann H, Mughrabi H. Computer simulation of the initial rafting process of a nickel-base single-crystal superalloy[J]. Metallurgical and Materials Transactions A, 2000, 30: 585-597.

[97] 吴文平. 镍基单晶高温合金的界面微结构及定向粗化行为分析[D]. 北京: 北京交通大学, 2010.

[98] Schmidt I, Mueller R, Gross D. The effect of elastic in homogeneity on equilibrium and stability of two particle morphology[J]. Mechanics of Materials, 1998, 30: 181-196.

[99] 张军, 杨敏, 王常帅, 等. DZ125 高温合金熔体超温处理定向凝固组织的演化规律[J]. 铸造技术, 2009, 30(9): 1108-1111.

[100] 闵志先, 沈军, 王灵水, 等. 定向凝固镍基高温合金 DZ125 平界面生长的微观组织演化[J]. 金属学报, 2010, 46(9): 1075-1080.

[101] Yang X G, Dong C L, Shi D Q, et al. Experimental investigation on both low cycle fatigue and fracture behavior of DZ125 base metal and the brazed joint at elevated temperature[J]. Metallurgical and Materials Transactions A, 2011, 528(22-23): 7005-7011.

[102] Ge B M, Liu L, Zhao X B, et al. Effect of directional solidification methods on the cast microstructure and grain orientation of blade shaped DZ125 superalloy[J]. Rare Metal Materials and Engineering, 2013, 42(11): 2222-2227.

[103] Yu J J, Sun X F, Zhao N R, et al. Effect of heat treatment on microstructure and stress rupture life of DD32 single crystal Ni-base superalloy[J]. Metallurgical and Materials Transactions A,

2007, 460-461: 420-427.

[104] 林万明，段剑锋，王春龙，等．高温时效对高温镍基合金沉淀强化的影响[J]. 金属热处理，2008，33(12)：66-68.

[105] 任英磊，金涛，管恒荣，等．热处理制度对一种单晶镍基高温合金 γ′相形貌演化的影响[J]. 机械工程材料，2001，25(4)：7-10.

[106] Tien J K, Copley S M. The effect of orientation and sense of applied stress on the morphology of coherent gamma prime precipitates in stress annealed nickel-base superalloy crystals[J]. Metallurgical Transaction A, 1971, 2(2): 543-553.

[107] Nathal M V. Effect of initial gamma prime size on the elevated temperature creep properties of single crystal nickel base superalloys[J]. Metallurgical Transaction A, 1987, 18: 1961-1968.

[108] Tian S G, Zhang S, Li C X, et al. Microstructure evolution and analysis of a [011] orientation, single-crystal, nickel-based superalloy during tensile creep[J]. Metallurgical and Materials Transactions A, 2012, 43: 3887-3889.

[109] Engstrom A, hoglound L, Agren J. Computer simulation of diffusion in multiphase systems[J]. Metallurgical and Materials Transactions A, 1994, 25: 1127-1134.

[110] Nabarro F R N, Cress C M, Kotsehy P. The thermodynamic driving force for rafting in superalloys[J]. Acta Materialia, 1996, 44(8): 3189-3198.

[111] Tian S G, Zhou H H, Zhang J H, et al. Directional coarsening of the γ′ phase for a single crystal nickel-based superalloy[J]. Materials Science and Technology, 2000, 16: 451-458.

[112] Raujiol S, Pettinari F, Locq D, et al. Creep straining micro-mechanisms in a powder-metallurgical nickel-based superalloy[J]. Materials Science and Engineering A, 2004, 387-389(2): 678-682.

[113] Unocic R R, Viswanathan G B, Sarosi P M, et al. Mechanisms of creep deformation in polycrystalline Ni-base disk superalloys[J]. Materials Science and Engineering A, 2008, 483-484(4): 25-32.

[114] 郭建亭．一种性能优异的低成本定向凝固镍基高温合金 ZD417G[J]. 金属学报，2002，38(11)：1163-1174.

[115] Viswanathan G B, Sarosi P M, Henry M F, et al. Investigation of creep deformation mechanisms at intermediate temperatures in René 88 DT[J]. Acta Materialia, 2005, 53(17): 3041-3057.

[116] Zhang J X, Murakumo T. Dependence of creep strength on the interfacial dislocations in a fourth generation SC superalloy TMS-138[J]. Scripta Materialia, 2003, 48(3): 287-296.

[117] 田素贵，周惠华，张静华，等．一种单晶镍基合金蠕变初期的位错组态[J]. 金属学报，1998，34(2)：123-128.

[118] 吴文平，郭亚芳，汪越胜，等．镍基单晶高温合金界面位错网在剪切载荷作用下的演化[J]. 物理学报，2011，60(5)：1-7.

[119] Fleischer R L. Substitutional solution hardening[J]. Acta Metallurgica, 1963, 11(3): 203-209.

[120] Loomis W T, Freeman J W. The influence of molybdenum on the γ′ phase in experimental

nickel-base superalloys[J]. Metallurgical Transactions, 1972, 3(4): 989-1000.

[121] Kovarik L, Unocic R R, Li J, et al. Microtwinning and other shearing mechanisms at intermediate temperatures in Ni-based superalloys[J]. Progress in Materials Science, 2009, 54(6): 839-873.

[122] Voelkl R, Glatzel U, Feller-Kniepmeier M. Analysis of matrix and interfacial dislocation in the nickel-base superalloy CMSX-4 after creep in [111] direction[J]. Scripta Metallurgical Materialia, 1994, 31(11): 1481-1486.

[123] Liu L R, Jin T, Zhao N R, et al. Effect of carbon addition on the creep properties in a Ni-based single crystal superalloy[J]. Materials Science and Engineering A, 2004, 385(1-2): 105-112.

[124] Tian S G, Wang M G, Yu X F, et al. Influence of element Re on lattice misfits and stress rupture properties of single crystal nickel-based superalloys[J]. Materials Science and Engineering A, 2010, 527(16-17): 4458-4465.

[125] Gilles R, Ukherji D, Tobbens D, et al. Neutron X-ray and electron diffraction measurements for the determination of γ'/γ lattice misfit in Ni-base superalloys[J]. Applied Physics A, 2002, 74(1): 1446-1448.

[126] Li HY, Zuo X P, Wang Y L, et al. Coarsening behavior of γ' particles in a nickel-base superalloy[J]. Rare Metals, 2009, 28(2): 197-201.

[127] Tian S G, Zhang J H, Xu Y B, et al. Stress-induced precipitation of fine γ' phase and thermodynamics analysis[J]. Journal of Materials Science and Technology, 2001, 17(2): 257-259.

[128] 赵阳，王磊，于腾，等．定向凝固钴基高温合金 DZ40M 中碳化物析出与再结晶的交互作用[J]．稀有金属材料与工程，2008，37(6)：1032-1036.

[129] 王明罡，田素贵，于兴福，等．热处理对单晶镍基合金成分偏析与持久性能的影响[J]．沈阳工业大学学报，2009，31(5)：525-530.

[130] 赵雪会，白真权，冯耀荣，等．热处理温度及析出相对镍基合金腐蚀性能的影响[J]．材料热处理学报，2012，33(8)：39-44.

[131] Pollock T M, Argon A S. Creep resistance of CMSX-3 nickel base superalloy single crystals[J]. Acta Metallurgical Materialia, 1992, 40(1): 1-30.

[132] Tian S G, Zhang J H, Wu X, et al. Features and effect factors of creep of single-crystal nickel-base superalloys[J]. Metallurgical and Materials Transactions A, 2001, 32(12): 2947-2957.

[133] 张俊善．材料的高温变形与断裂[M]．北京：科学出版社，2007：105.

[134] Wang D, Zhang J, Lou L H. Formation and stability of nano-scaled $M_{23}C_6$ carbide in a directionally solidified Ni-base superalloy[J]. Materials Characterization, 2009, 60(12): 1517-1521.

[135] 师昌绪，李恒德，周廉．材料科学与工程手册[M]．北京：化学工业出版社，2004.

[136] 刘心刚．Mo 和 Ru 在镍基单晶高温合金中的作用[D]．北京：中国科学院大学，2013.

[137] Takebe Y, Yokokawa T, Kobayashi T, et al. Effect of Ir on the microstructural stability of the 6th generation Ni-base single crystal superalloy, TMS-238[J]. Journal of the Japan Institute of

Metals, 2015, 79(4): 227-231.

[138] Yu Z H, Liu L, Zhang J. Effect of carbon addition on carbide morphology of single crystal Ni-based superalloy[J]. Transactions of Nonferrous Metals Society of China, 2014, 24(2): 339-345.

[139] 骆宇时，赵云松，杨帅，等. Ru对一种高RE单晶高温合金γ/γ′相中元素分布及高温蠕变性能的影响[J]. 稀有金属材料与工程，2016(7): 1719-1725.

[140] Wang X, Zhou Y, Zhao Z, et al. Effects of solutioning on the dissolution and coarsening of γ′ precipitates in a nickel-based superalloy [J]. Journal of Materials Engineering and Performance, 2015, 24(4): 1492-1504.

[141] Lopez-Galilea I, Koßmann J, Kostka A, et al. The thermal stability of topologically close-packed phases in the single-crystal Ni-base superalloy ERBO/1[J]. Journal of Materials Science, 2016, 51(5): 2653-2664.

[142] Matuszewski K, Rettig R, Rasiński M, et al. The three-dimensional morphology of topologically close packed phases in a high rhenium containing nickel based superalloy[J]. Advanced Engineering Materials, 2014, 16(2): 171-175.

[143] Mori Y, Yokokawa T, Kobayashi T, et al. Phase stability of Nickel-base single crystal superalloys containing Iridium substituting for Ruthenium [J]. Materials Transactions, 2016, 57(10): 1-4.

[144] Matuszewski K, Rettig R, Matysiakk H, et al. Effect of ruthenium on the precipitation of topologically close packed phases in Ni-based superalloys of 3rd and 4th generation[J]. Acta Materialia, 2015, 95: 274-283.

[145] 庄晓黎，吴红宇，方姣，等. 无铼镍基单晶高温合金的显微组织表征[J]. 中国有色金属学报，2016, 26(6): 1246-1254.

[146] 李伟，梁学锋，谢永军，等. 均匀化和均匀化后处理对GH742合金γ′相的影响[J]. 材料工程，2005(12): 33-36.

[147] 国为民，董建新，吴剑涛，等. FGH96镍基粉末高温合金的组织和性能[J]. 钢铁研究学报，2005, 17(1): 59-63.

[148] Muller L, Glatzel U, Feller K M. Modeling thermal misfit stresses in nickel-based superalloy containing high volume fraction of γ′ phase[J]. Acta Metallurgica Materialia, 1992, 40(4): 1321-1327.

[149] Parkash T L, Chari Y N, Bhagiradha E S, et al. Microstructure and mechanical properties of hot isostatically pressed powder metallurgy alloy APK-1[J]. Metallurgy Transactions A, 1983, 14(4): 733-742.

[150] Jiang L, Hu R, Kou H C, et al. The effect of $M_{23}C_6$ carbides on the formation of grain boundary serrations in a wrought Ni-based superalloy[J]. Materials Science and Engineering A, 2012, 536(1): 37-44.

[151] Raisson G, Evolution of PM nickel base superalloy processes and products[J]. Powder Metallurgy, 2008, 50(1): 10-13.

[152] 胡本芙，陈焕铭，宋铎，等. 镍基高温合金快速凝固粉末颗粒中MC型碳化物相的研究

[J]. 金属学报, 2005, 41(10): 1042-1046.

[153] Chen H M, Hu B F, Li H Y. Surface characteristics of rapidly solidified nickel-based superalloy powders prepared by PREP[J]. Rare Metals, 2003, 22(4): 309-314.

[154] Guo W M, Wu J T, Zhang F G, et al. Microstructure, properties and heat treatment process of powder metallurgy superalloy FGH95[J]. Journal of Iron and Steel Research International, 2006, 13(5): 65-68.

[155] Sharma K K, Balasubramanian T V, Misra R D K. Effect of boron on particle surfaces and prior particle boundaries in a P M nickel based superalloy[J]. Scripta Metallurgica, 1989, 23(4): 573-577.

[156] Wang X G, Liu J L, Jin T, et al. Creep deformation related to dislocations cutting the γ′ phase of a Ni-base single crystal superalloy[J]. Materials Science & Engineering A, 2015, 626: 406-414.

[157] 骆宇时, 赵云松, 刘志远, 等. 热处理对第二代镍基单晶合金 DD11 显微组织及持久性能的影响[J]. 重庆大学学报自然科学版, 2016, 39(3): 43-50.

[158] 吴静. 一种 4.5%RE/3%Ru 镍基单晶合金的组织结构和蠕变行为[D]. 沈阳: 沈阳工业大学, 2016.

[159] Liu S, Liu C, Ge L, et al. Effect of interactions between elements on the diffusion of solutes in Ni-X-Y systems and γ′-coarsening in model Ni-based superalloys[J]. Scripta Materialia, 2017, 138: 100-104.

[160] Takebe Y, Yokokawa T, Kobayashi T, et al. Effect of Ir on the microstructural stability of the 6th generation Ni-base single crystal superalloy, TMS-238[J]. The Journal of the Japan Institute of Metals A, 2015, 79(4): 227-231.

[161] 方昆凡. 工程材料手册[M]. 北京: 北京出版社, 2002.

[162] 郭建亭. 高温合金材料学[M]. 北京: 科学出版社, 2008.